普通高等院校电子与计算机专业项目特色系列教材

楼宇智能监控技术教程

主　编　陈家义　钟　强
副主编　张志杰　何经伟

北京理工大学出版社
BEIJING INSTITUTE OF TECHNOLOGY PRESS

内 容 提 要

《楼宇智能监控技术教程》注重实践，培养学生的实践能力，通过完成入侵防范报警系统、可视对讲门禁系统、视频监控系统、消防联动控制系统、组态软件与 DDC 监控系统等项目及任务的学习和实训，使学生掌握楼宇智能监控技术的基础理论知识以及系统设备的安装与调试技能。

本书可以作为应用型本科和职业院校学校的教材，也可以作为培训机构和技术人员的培训教材。

版权专有　侵权必究

图书在版编目（CIP）数据

楼宇智能监控技术教程／陈家义，钟强主编．—北京：北京理工大学出版社，2019.7 (2023.8 重印)

ISBN 978 – 7 – 5682 – 7166 – 0

Ⅰ．①楼…　Ⅱ．①陈…②钟…　Ⅲ．①智能化建筑 – 楼宇自动化 – 监控系统 – 教材　Ⅳ．①TU855

中国版本图书馆 CIP 数据核字（2019）第 131183 号

出版发行 /	北京理工大学出版社有限责任公司
社　　址 /	北京市海淀区中关村南大街 5 号
邮　　编 /	100081
电　　话 /	（010）68914775（总编室）
	（010）82562903（教材售后服务热线）
	（010）68944723（其他图书服务热线）
网　　址 /	http://www.bitpress.com.cn
经　　销 /	全国各地新华书店
印　　刷 /	三河市天利华印刷装订有限公司
开　　本 /	787 毫米 × 1092 毫米　1/16
印　　张 /	12.5
字　　数 /	294 千字
版　　次 /	2019 年 7 月第 1 版　2023 年 8 月第 3 次印刷
定　　价 /	36.00 元

责任编辑 / 高　芳
文案编辑 / 赵　轩
责任校对 / 周瑞红
责任印制 / 李志强

图书出现印装质量问题，请拨打售后服务热线，本社负责调换

前 言

本书采用项目导向、任务驱动的方式编著而成，突出应用的特色，简化原理性描述，以工程应用为主，注重实践环节，全面培养学生的职业素质与职业能力，体现职业教育"以就业为导向，能力为本位"的特点。

全书共6个项目、18个教学任务。项目1为楼宇智能化监控技术概述，主要介绍了智能建筑的概念、楼宇智能化技术、楼宇智能监控实训设备和综合布线基本技能训练；项目2为入侵防范报警系统，主要介绍了安全防范技术、入侵防范报警系统及其常用设备；项目3为可视对讲门禁系统，主要介绍了可视对讲门禁与室内安防子系统的原理及功能、典型设备的安装及调试方法、上位监控软件的应用等；项目4为视频监控系统，主要介绍了摄像机、云台、矩阵控制器、硬盘录像机等典型设备原理及使用方法，以及远程监控软件PSS的使用方法；项目5为消防联动控制系统，介绍了消防的原理及典型传感器的应用，对消防联动的设备调试、联动编程及系统维护做了详尽的说明；项目6为组态软件与DDC监控系统，简单介绍了力控组态软件，对楼宇智能中的照明、中央空调及建筑环境DDC监控系统组建，安装与调试做了详细的介绍，并对上位组态与现场DDC的网络编程过程做了重点说明。

本书的编写遵循"理论知识够用"的原则，以典型楼宇智能化技术装备为载体，以项目的形式组织内容，注重工程实践，简化理论教学，既可以以"教学做一体化"的形式在实训室展开教学活动，也可以由教学组织者按书中所选设备自行构造实训模块组织教学，通过多媒体和实训手段来实现教学目的，使学生掌握楼宇智能监控系统的安装与调试技能。

本书由陈家义和钟强担任主编，张志杰和何经伟担任副主编。其中，陈家义编写了项目1和项目3，并负责全书的统稿；钟强编写了项目5和项目6，并负责教学资源的整理；张志杰编写了项目4；何经伟编写了项目2。本书在编写过程中，得到了浙江天煌科技实业有限公司、北京理工出版社等单位的大力支持，在此一并表示衷心的感谢！

本书配套有电子课件、教学指南、实训微视频、习题参考答案、模拟试卷、技能竞赛等教学资源，适合作为应用型本科和职业院校电子信息类专业以及相近专业的教材，也可作为相关工程技术人员的参考资料。

由于编者水平有限，加之时间仓促，书中难免有疏漏和不妥之处，恳请专家和读者批评指正。

编 者

2019年6月

CONTENTS 目录

项目1 楼宇智能化监控技术概述 ………………………………………………（1）

1.1 任务1 了解楼宇智能化监控技术 …………………………………………（2）
    1.1.1 智能建筑概述 …………………………………………………………（2）
    1.1.2 楼宇智能化技术 ………………………………………………………（4）
1.2 任务2 认识楼宇智能化监控实训设备 ……………………………………（6）
    1.2.1 楼宇智能化监控实训室 ………………………………………………（6）
    1.2.2 楼宇智能化工程实训系统 ……………………………………………（7）
1.3 任务3 综合布线基本技能训练 ……………………………………………（8）
    1.3.1 常用工具的使用 ………………………………………………………（8）
    1.3.2 传输导线与连接器件的加工处理 ……………………………………（10）
复习思考题 …………………………………………………………………………（12）

项目2 入侵防范报警系统 ………………………………………………………（13）

2.1 任务1 了解安全防范技术 …………………………………………………（14）
    2.1.1 安全防范概述 …………………………………………………………（14）
    2.1.2 安全防范系统及其要求 ………………………………………………（16）
    2.1.3 家居防盗报警系统 ……………………………………………………（17）
2.2 任务2 入侵防范报警系统及其常用设备 …………………………………（19）
    2.2.1 入侵防范报警系统概述 ………………………………………………（19）
    2.2.2 探测报警的常用设备 …………………………………………………（21）
复习思考题 …………………………………………………………………………（25）

项目3 可视对讲门禁系统 ………………………………………………………（26）

3.1 任务1 可视对讲门禁系统的认知 …………………………………………（27）
    3.1.1 门禁系统概述 …………………………………………………………（27）
    3.1.2 可视对讲系统的组成与工作原理 ……………………………………（30）

3.2　任务2　可视对讲门禁系统的安装与连接 …………………………………………（31）
　　3.2.1　可视对讲门禁系统的组成 ………………………………………………（31）
　　3.2.2　系统设备安装与连接 ……………………………………………………（38）
3.3　任务3　可视对讲门禁系统的设置与调试 …………………………………………（41）
　　3.3.1　多功能室内机的调试与使用 ……………………………………………（41）
　　3.3.2　门前铃的调试与使用 ……………………………………………………（45）
　　3.3.3　室外主机的调试与使用 …………………………………………………（46）
　　3.3.4　管理中心机的调试与使用 ………………………………………………（52）
　　3.3.5　智能监控上位机软件的安装与使用 ……………………………………（60）
复习思考题 …………………………………………………………………………………（69）

项目4　视频监控系统 ……………………………………………………………………（70）

4.1　任务1　视频监控系统的认知 ………………………………………………………（71）
　　4.1.1　视频监控系统概述 ………………………………………………………（71）
　　4.1.2　视频监控系统的组成 ……………………………………………………（72）
4.2　任务2　视频监控系统的设置与操作 ………………………………………………（77）
　　4.2.1　监视器的设置及操作 ……………………………………………………（78）
　　4.2.2　系统设置与操作 …………………………………………………………（78）
　　4.2.3　录像设置与操作 …………………………………………………………（81）
4.3　任务3　新型网络视频监控系统 ……………………………………………………（83）
　　4.3.1　新型网络视频监控系统概述 ……………………………………………（83）
　　4.3.2　新型网络视频监控系统的设置与操作 …………………………………（86）
复习思考题 …………………………………………………………………………………（102）

项目5　消防联动控制系统 ………………………………………………………………（103）

5.1　任务1　消防联动控制系统的认知 …………………………………………………（104）
　　5.1.1　消防联动控制系统概述 …………………………………………………（104）
　　5.1.2　消防联动控制系统的主要模块 …………………………………………（105）
5.2　任务2　典型消防联动系统设备安装与调试 ………………………………………（122）
　　5.2.1　典型消防联动的系统构成 ………………………………………………（122）
　　5.2.2　典型消防联动系统的调试 ………………………………………………（124）
5.3　任务3　消防联动系统的联动编程及调试 …………………………………………（130）
　　5.3.1　联动公式的格式 …………………………………………………………（130）
　　5.3.2　联动公式的编辑 …………………………………………………………（131）
　　5.3.3　编程设置 …………………………………………………………………（133）
复习思考题 …………………………………………………………………………………（134）

项目 6　组态软件与 DDC 监控系统 ·· (135)

 6.1　任务 1　集散控制系统与工业组态 ··· (136)
  6.1.1　集散控制系统 ··· (136)
  6.1.2　力控监控组态软件 ··· (138)
 6.2　任务 2　DDC 照明监控系统的组建、安装与调试 ······················ (139)
  6.2.1　系统概述 ··· (140)
  6.2.2　DDC 照明监控系统 ·· (148)
 6.3　任务 3　中央空调监控系统的基本操作 ······································· (163)
  6.3.1　中央空调监控系统 ·· (163)
  6.3.2　中央空调监控系统的操作 ·· (169)
  6.3.3　Forcecontrol 6.1 组态软件建立上位监控工程 ······················ (174)
 6.4　任务 4　建筑环境监控系统的基本操作 ······································· (180)
  6.4.1　建筑环境监控系统 ·· (180)
  6.4.2　操作及使用说明 ·· (183)
 复习思考题 ··· (190)

参考文献 ·· (191)

项目 1 楼宇智能化监控技术概述

教学目的

通过"教、学、做合一"的模式,使用任务驱动的方法,使学生了解楼宇智能化监控技术,明白学习本课程的重要性;认知楼宇智能化监控技术实训设备及其功能,明确学习内容;训练综合布线的基本技能,为后面的学习与实训做准备。

教学重点

讲解重点——楼宇智能化监控技术概况。
操作重点——综合布线基本技能。

教学难点

理论难点——楼宇建筑的技术基础。
操作难点——网线水晶头的加工。

1.1 任务1 了解楼宇智能化监控技术

学习目标

(1) 掌握智能建筑的概念、组成和主要功能。
(2) 了解楼宇智能化技术基础、应用与发展。

1.1.1 智能建筑概述

智能建筑的概念在 20 世纪 70 年代末诞生于美国。1984 年 1 月，由美国联合科技集团（United Technologies Corporation，UTC）在美国康涅狄格州（Connecticut State）哈特福德市（Hartford City）建成了称为"都市大厦"的世界第 1 幢智能建筑。都市大厦的建成完成了传统建筑与新兴信息技术相结合的尝试。

1. 智能建筑的概念

智能建筑又称智能楼宇，它是信息时代高新科技和建筑技术相结合的产物，是将建筑技术、通信技术、计算机技术和控制技术等先进科学技术相互融合，集成为最优化的整体，具有工程投资合理、设备高度自动化、信息管理科学、服务高效优质、使用灵活方便和环境安全舒适等特点，是适应信息化社会发展需要的现代化新型建筑。

对于智能建筑，目前各国没有统一的定义。我国国家标准《智能建筑设计标准》（GB/T 50314—2015）对智能建筑的定义是"以建筑物为平台，基于对各类智能化信息的综合应用，集架构、系统、应用、管理及优化组合为一体，具有感知、传输、记忆、推理、判断和决策的综合智慧能力，形成以人、建筑物、环境互为协调的综合体，为人们提供安全、高效、便利及可持续发展功能的建筑。"

我国智能建筑起步于 20 世纪 80 年代末 90 年代初，1990 年建成的北京发展大厦具有智能建筑的雏形。近 30 年来，在北京、上海、广州等大城市，相继建成了若干具有高水平的智能建筑。智能建筑已经成为一个国家综合经济实力的具体表征。

2. 智能建筑的组成

智能建筑主要由楼宇自动化系统（Building Automation System，BAS）、办公自动化系统（Office Automation System，OAS）、通信自动化系统（Communication Automation System，CAS）、综合布线系统（Premises Distribution System，PDS）和系统集成中心（System Integrated Center，SIC）5 大部分组成，如图 1-1 所示。

1) BAS

BAS 是将建筑物内的供配电、照明、给排水、暖通空调、保安、消防、运输、广播等设备通过信息通信网络组成的分散控制、集中监视与管理的管控一体化系统，它可以随时检测、显示其运行参数，监视、控制其运行状态，并根据外界条件、环境因素、负载变化情况自动调节各种设备使其始终运行于最佳状态，从而保证系统运行的经济性和管理的科学化、智能化，使建筑物内形成安全、舒适、健康的生活环境和高效节能的工作环境。

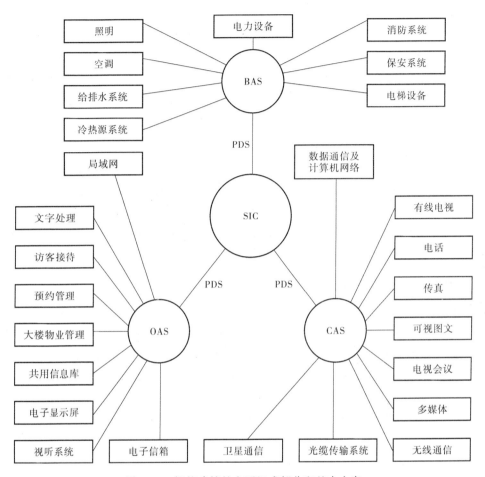

图 1-1 智能建筑的主要组成部分和基本内容

2) OAS

OAS 是服务于具体办公业务的人机交互信息系统，它利用先进的科学技术不断使人的办公业务活动物化于人以外的各种设备中，设备和办公人员构成服务于某种目标的人机信息处理系统，充分利用信息资源完成各类电子数据的处理，对各类信息进行有效的管理，提高劳动效率和工作质量，并辅助决策。

传统办公系统和现代化办公自动化的本质区别是信息存储和传输的介质不同。传统的办公系统使用模拟存储介质进行存储，所使用的各种设备之间没有自动地配合，难以实现高效率的信息处理和传输。现代化的办公自动化系统利用计算机把多媒体技术和网络技术相结合，使信息以数字化的形式在系统中存储和传输。

办公自动化技术的发展将使办公活动朝着数字化的方向发展，最终实现无纸化办公。

3) CAS

智能建筑中的 CAS 对来自建筑物内外的各种语音、文字、图形图像和数据信息进行收集、存储、处理和传输，为用户提供快速的、完备的通信手段和高速的、有效的信息服务。它包括语音通信、图文通信、数据通信和卫星通信 4 个部分，负责建立建筑物内外各种信息的交换和传输。

4）PDS

PDS 是建筑物内所有信息的传输通道，是智能建筑的"信息高速公路"，它由线缆和相关的连接硬件设备组成，是智能建筑必备的基础设施。

PDS 采用积木式结构、模块化设计，通过统一规划、统一标准、统一建设实施来满足智能建筑信息传输高效、可靠和灵活等要求。它一般包括建筑群子系统、设备间子系统、垂直干线子系统、水平子系统、管理子系统和工作区子系统 6 个部分。

5）SIC

SIC 是智能建筑的最高层控制中心，用于监控整个智能建筑的运转。它通过系统集成技术汇集各个自动化系统信息，进行各种信息综合管理，并通过综合布线系统把各个自动化系统连接成一体，在各子系统之间建立起一个标准的信息交换平台。

SIC 把各个分离的设备、功能和信息等集成为一个相互关联的、统一的和协调的系统，使资源充分地共享，从而实现集中的、高效的、方便的管理及控制。

3. 智能建筑的主要功能

智能建筑的主要功能有：

（1）通过其结构、系统、服务和管理的最佳组合提供一种高效的，经济的环境；

（2）在上述环境下为管理者实现以最小的代价获得最有效的资源管理的目的；

（3）帮助业主、管理者和住户实现舒适，便捷，安全，灵活等目标。

1.1.2 楼宇智能化技术

智能建筑是建筑技术与信息技术结合的产物，现代建筑技术（Architecture）、现代计算机技术（Computer）、现代控制技术（Control）和现代通信技术（Communication），即 3C + A 技术是智能建筑的技术基础。

1. 智能建筑的基本要求

为了提供优越的生活环境和高效率的工作环境，智能建筑应具有舒适性、高效性、方便性、适应性、安全性和可靠性。

（1）舒适性：在智能建筑中生活和工作的人们能够在心理上和生理上感到舒适。

（2）高效性：提高办公业务、通信、决策方面的工作效率，节省人力、物力、时间、资源、能耗和费用，提高建筑物所属设备系统使用管理的效率。

（3）方便性：除了办公设备使用方便外，还应具有高效的信息服务功能。

（4）适应性：对办公组织结构的改变、办公方式和程序的变更及办公设备的更新变化等具有较强的适应性，当办公设备、网络功能发生变化和更新时，不能妨碍原有系统的使用。

（5）安全性：除了要保证生命、财产、建筑物安全外，还要防止信息网中发生信息泄漏或信息被干扰，特别是防止信息与数据被破坏、删除和篡改，以及系统的非法或不正确使用。

（6）可靠性：能够及时发现并快速排除故障，从而减小故障的影响。

2. 智能建筑的功能

智能建筑的功能有：

（1）不仅可以处理建筑物内部的信息，还可以处理城市、地区或国家之间的信息；

（2）能够对建筑物内照明、电力、暖通、空调、给排水、防灾、防盗、运输设备等进行综合自动控制，使其充分发挥效力；

（3）能够实现各种设备运行状态监视和统计记录的设备管理自动化，以及以安全状态监视为中心的防灾自动化；

（4）建筑物具有充分的适应性和可扩展性，功能随着技术进步和社会需要而发展。

3. 智能建筑的优越性

与普通建筑相比，智能建筑的优越性有：

（1）提供安全、健康、舒适、高效、便捷的工作和生活环境；

（2）能够最大限度地节约能源；

（3）智能建筑采用开放式建筑结构和大跨度框架结构，方便用户迅速改变建筑物的使用功能或重新规划建筑平面；

（4）节省设备运行维护费用；

（5）采用高新技术，大大提高了工作效率；

（6）为用户提供优质服务。

4. 智能建筑系统的集成

智能建筑的关键技术是系统集成技术。系统集成不是简单的一体化，而要满足信息共享和交换要求，基本条件是系统之间可以进行有效的数据通信和充分的数据共享。集成功能要针对建筑物的管理要求，并在实现子系统功能的基础上实现。系统集成能够解决不同系统之间互联的技术问题。

随着经济和技术的发展，建筑智能化系统集成提出了新的要求，如要求采用客户机/服务器和浏览器/服务器网络模式，客户机端用户功能可以设定，各系统可以实现有机联动等。

5. 楼宇智能化技术的发展趋势

楼宇智能化技术的发展趋势有：

（1）充分体现以人为本和绿色建筑的理念，强调人与建筑智能化系统的和谐，实现建筑智能化技术与自然环境的有机结合；

（2）基于可持续发展的建设模式，实现建筑智能化系统良好的性能价格比，使系统具有良好的可扩充性、开放性和冗余性；

（3）通过先进的控制与管理技术提高建筑系统的运行效率，并节约能源；

(4) 引入现代信息技术，实现智能建筑系统控制与管理的数字化、网络化、智能化与集成化；

(5) 采用无线网络技术替代有线网络技术。

1.2 任务2 认识楼宇智能化监控实训设备

学习目标

(1) 认识楼宇智能化监控实训设备。

(2) 了解楼宇智能化监控设备的功能，并能够完成基本操作。

1.2.1 楼宇智能化监控实训室

1. 楼宇智能化监控实训室的建设原则

作为工程类的实训室，楼宇智能化监控技术实训室既要体现先进性，又要符合实际工程情况，还要满足锻炼学生实践动手能力的需求。

1）先进性原则

楼宇智能化监控技术的发展日新月异，楼宇设备的更新速度非常快，实验室设备也不断淘汰更新。在进行实验室建设时，应充分考虑工程建设市场及智能建筑行业、企业的发展变化，尽可能采用先进的结构和设备来完成实训室系统的架构，符合目前的物联网和互联网架构要求，使用符合潮流的先进设备。

在保证教学效果的前提下，应控制成本，利用已有的实验器材训练学生的动手能力，减少损耗，以使学生掌握本专业的专业知识，满足企业对学生技术、技能的要求，帮助学生顺利走上工作岗位。

2）工程实践性原则

建设楼宇智能化监控实训室的目的在于提高学生的工程实践能力，使学生既掌握弱电系统的安装和调试，又懂得工程图纸的设计，在实践动手的过程中体验工程图纸的设计，通过实验实训加深对专业理论的理解。

实训室建设必须符合实际工程项目的要求，增加学生动手操作的机会，提高学生的实践动手能力。

3）可扩展性原则

楼宇智能化监控系统发展非常快，在建设实训室时还需考虑可扩展性问题，方便将来在原有设备上进行扩展，可以采用新建和扩建相结合的原则。考虑楼宇智能化设备拥有不同的子系统，也可以对部分子系统实验室进行完全重建，并联网加入原有系统。

在实际工作中发现，楼宇智能化监控实训室的建设是经常性的升级工程，因此应尽量采用模块化结构，方便设备的扩展或升级，通过可扩展性来保证实验室的先进性。

2. 楼宇智能化监控实训室的实训模块

楼宇智能化监控技术的范围广，本书介绍的楼宇智能化监控系统主要包括入侵防范报警系统、可视对讲门禁系统、视频监控系统、消防联动控制系统、组态软件与DDC监控系统。

不同机构的实训教学条件各不相同，教学组织者可以参考书中所选设备自行构造实训模块组织教学，根据专业特点进行侧重和扩展，如巡更系统、停车场管理系统、供电监控系统等。

实训装置要根据智能楼宇行业的特点，针对楼宇智能化监控系统中的对讲门禁、室内安防、视频监控、消防联动报警等子系统的安装，布线与调试进行设计，强化学生对楼宇智能监控系统各模块的安装、电气接线、调试、故障诊断与维护等综合能力，适应相关专业的智能楼宇课程教学和培训的需要。

1.2.2 楼宇智能化工程实训系统

本书采用THBAES-3B型楼宇智能化工程实训系统进行实训，实训装置如图1-2所示。

图1-2 THBAES-3B型楼宇智能化工程实训装置

THBAES-3B根据智能建筑行业楼宇智能化的特点，在接近工程现场的基础上，设计了计算机技术、网络通信技术、综合布线技术、DDC技术等实训项目，强化楼宇智能化系统的设计、安装、布线、接线、编程、调试、运行、维护等工程能力。

该系统在结构上以智能建筑模型为基础，包含了智能大楼、智能小区、管理中心和楼道等典型结构，涵盖了对讲门禁及室内安防、网络视频监控及周边防范、消防报警联动、综合布线、DDC监控、节能照明、建筑环境监控7个子系统，各系统既可独立运行，也可实现联动。

THBAES-3B模拟典型建筑结构，通体采用铝合金型材和铁质网孔板，并选用市场上技术成熟、低电压安全型器件，具有真实、美观、可靠和安全的特点。

实训总体任务如下。

（1）通过对讲门禁及室内安防系统的器件安装、接线、编程与调试，实现室外主机与多功能室内分机之间的可视对讲通话功能、室外主机与普通室内分机的对讲通话功能、门前铃与多功能室内分机的可视对讲通话功能等。通过多功能室内分机、室外主机、普通室内分机完成保安呼叫，并实现与管理中心机的通话。管理中心机实现室外主机的视频监控功能，室内安防系统实现盗警、火警、燃气、求助的安防管理功能，并运用可视对讲系统软件记录系统运行数据。

（2）通过消防报警联动系统的器件安装、接线、编码与调试，实现智能光电感烟探测器、智能电子差定温探测器的信号检测，并采用联动编程启动消防泵、排烟风机、卷帘门等模拟联动设备。

（3）通过视频监控系统的器件安装、接线与调试，实现高速球及一体化摄像机的控制和4路视频信号的显示、切换、录像等功能，并运用周边防范探测器实现声光报警和视频监控联动功能。

（4）通过综合布线系统的器件安装、打线与布线，完成各相关信息点的数据及语音通信。

（5）通过DDC控制系统的编程、组态与调试，实现DDC监控照明、中央空调一次回风监控系统、楼宇给排水系统、建筑环境监控系统的自动化监控。

1.3 任务3　　综合布线基本技能训练

学习目标

（1）掌握综合布线的基本技能；
（2）学会正确使用工具，识别各种导线和器件，掌握加工处理方法。

1.3.1 常用工具的使用

在楼宇智能化系统安装与调试中，经常使用的工具有螺钉旋具和钳。

1. 螺钉旋具

螺钉旋具是紧固或拆卸螺钉的工具，又称为螺丝刀或起子，它的种类有很多，除了按头部形状可分为一字型和十字型，还有口径、长短之分，可根据需要选用。一字型和十字型螺钉旋具如图1-3所示。

（a）　　　　　　　　　　　　　　（b）

图1-3　螺钉旋具

(a) 一字型螺钉旋具；(b) 十字型螺钉旋具

2. 钳

常用的钳有钢丝钳、尖嘴钳、压线钳、断线钳和剥线钳等，其外形如图1-4所示。

（1）钢丝钳的用途是：①齿口用来紧固或拧松螺母；②刀口用来剥去软电线的橡皮或塑料绝缘层，也可用来剪切电线、铁丝；③铡口用来切断电线、钢丝等较硬的金属线；④钳子的绝缘塑料管耐压500 V以上，可以用来带电剪切电线。

（2）尖嘴钳主要用于切断细小的导线、金属丝，夹持小螺钉、垫圈及导线等元件，以及将导线端头弯曲成所需的各种形状。

（3）压线钳中的RJ45+RJ11双用压线钳是双绞线网线、电话线制作过程中最主要的制作工具，适用于RJ45、RJ11水晶头的压接，用于剥去网线护套。使用时首先用配套的内六角扳手调节刀片高度，切开护套外皮的60%~90%，不能全部切透，顺时针旋转1~2圈后切断护套，最后用力拔出护套即可。

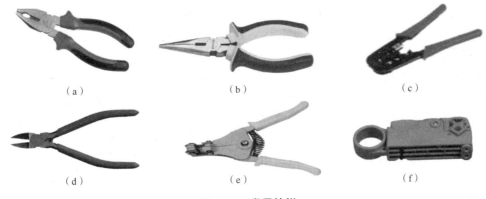

图1-4 常用的钳

（a）钢丝钳；（b）尖嘴钳；（c）RJ45+RJ11双用压线钳；（d）断线钳；（e）剥线钳；（f）旋转剥线钳

（4）断线钳又称斜口钳，钳柄有铁柄、管柄和绝缘柄3种，其中绝缘柄的耐压为500 V。断线钳主要用于剪断较粗的电线、金属丝及导线电缆。

（5）剥线钳是用来剥去小直径导线绝缘层的专用工具，其绝缘手柄耐压为500 V。

3. 其他工具

其他常用的工具有电工刀、活动扳手、手电钻、打线工具、剪和锯弓等。

（1）电工刀是用来剖削电线线头、切割木台缺口、削制木榫的专用工具，其外形如图1-5所示。

（2）活动扳手又称活络扳头，是用来紧固和起松螺母的一种专用工具。活动扳手由头部活动扳唇、呆扳唇、扳口、蜗轮和轴销等构成，如图1-6所示。蜗轮可以用来调节扳口大小。

图1-5 电工刀

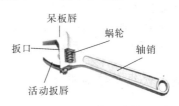

图1-6 活动扳手

(3) 手电钻是一种头部有钻头，内部装有单相整流子电动机，靠旋转钻孔的手持式电动工具，其外形如图1-7所示。它有普通电钻和冲击钻2种。

(4) 110型连接端子打线工具如图1-8所示，其操作简单、便捷，适用于线缆、跳接块及跳线架的连接作业。

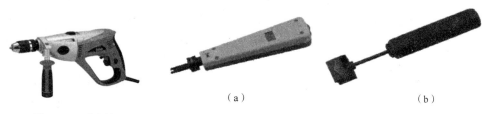

图1-7 手电钻

图1-8 110型打线工具

(a) 单对110型打线工具；(b) 5对110型打线工具

(5) 剪主要有线管剪和线槽剪，其外形如图1-9所示。使用线管剪时首先用力向外掰刀柄，将刀口张开，然后将线管放入刀口内，最后压紧刀柄，使刀刃切入线管，同时旋转线管剪，切断线管。

线管剪适合切断直径不超过40 mm的PVC管，使用时注意：不能切割金属管，手指远离刀口。线槽剪适合裁剪PVC线槽，不能裁剪电线、钢丝等硬物，也不适合裁剪撕拉线。

(6) 锯弓用于锯断PVC线槽/线管或者钢筋等，其外形如图1-10所示。使用锯弓时首先将锯条按照正确的方向安装（锯齿向前），然后拧紧蝴蝶调节螺母，张紧锯条，最后握紧锯弓，保持锯条直线来回运动，注意适当用力防止锯条崩断或夹断。

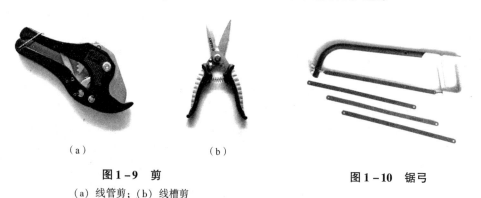

图1-9 剪

(a) 线管剪；(b) 线槽剪

图1-10 锯弓

1.3.2 传输导线与连接器件的加工处理

系统集成需要用到各种导线和器件进行连接，以便提供电能和传输信号，并提高系统的可靠性。常用导线有多股铜芯软线、同轴电缆、屏蔽双绞线等，对应的常用连接器件有接线鼻子、BNC头、水晶头等。下面介绍导线与连接器件的加工处理。

1. 多股铜芯软线与接线鼻子

电源导线采用多股铜芯软线，用于连接器件的直流电源，以及总线、视频线和音频线。

导线末端常用接线鼻子连接和续接,以增大接触面,增加强度,防止线头飞散,方便固定,使导线和电器连接更牢固、更安全,防止电器事故。多股铜芯软线与接线鼻子如图 1-11 所示。

多股铜芯软线与接线鼻子需要进行如下处理:

(1) 根据实际需要截取合适长度的导线,利用剥线工具将线端的绝缘层剥离,并将剥离绝缘层后的多股铜芯线铰合成一股;

(2) 用电烙铁对铰合后的多股铜芯线上锡,以提高连接性能;

(3) 将上锡后的多股铜芯线套上号码管,剪去多余(过长)的端头线,将芯线插入接线鼻子内,用压线钳压紧线鼻子,压接应在两道以上。

2. 同轴电缆与 BNC 接头

同轴电缆是一种屏蔽电缆,有传送距离长、信号稳定的优点。BNC 接头主要作为同轴电缆的连接器使用,大量用于通信系统中,如网络设备中的 E1 接口就是用两根 BNC 接头的同轴电缆来连接的,在高档的监视器、音响设备中也经常用来传送音频和视频信号。同轴电缆与 BNC 接头如图 1-12 所示。

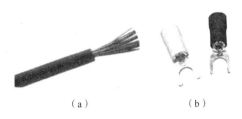

图 1-11 多股铜芯软线与接线鼻子
(a) 多股铜芯;(b) 接线鼻子

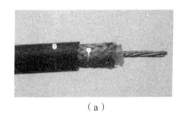

图 1-12 同轴电缆与 BNC 接头
(a) 同轴电缆;(b) BNC 接头

同轴电缆和 BNC 接头的加工处理步骤为:

(1) 截取合适长度的同轴电缆,剥线时,用剥线工具将同轴电缆线端的绝缘保护层剥去 1~2 cm,注意尽量不要割断金属屏蔽线;

(2) 将网状的屏蔽铜线拆开,并铰合成一股;

(3) 用剥线工具将同轴电缆的芯线绝缘层剥离。

(4) 用手转动 BNC 接头,使接头与保护外壳分离,将屏蔽电缆线穿入保护外壳;

(5) 将芯线穿入 BNC 接头,屏蔽线穿入 BNC 接头的小孔;

(6) 用电烙铁将芯线和屏蔽线焊接到 BNC 接头上的焊接点上,整理毛刺;

(7) 用尖嘴钳或专用卡线钳用力夹压套筒,使 BNC 接头固定在线缆上。

3. 屏蔽双绞线与水晶头

屏蔽双绞线为 1 对或多对,是一种广泛用于数据传输的连接导线。每对 22~26 号绝缘铜导线相互缠绕,一根导线在传输中辐射出来的电波会被另一根导线上发出的电波抵消,从而有效降低信号干扰。屏蔽双绞线配合专用的水晶头,用于电话线、网络的连接。8 芯屏蔽双绞线与水晶头如图 1-13 所示。

下面以制作 1 条网线说明 8 芯屏蔽双绞线与水晶头的处理步骤。

（1）剥开外绝缘护套并拆开 4 对双绞线。先将已经剥去绝缘护套的 4 对单绞线分别拆开相同长度，将每根线轻轻捋直。

（2）将 8 根线排好线序，并剪齐线端。按照 568B 线序水平排好，568B 线序如图 1-14 所示。将 8 根线端头一次剪掉，保留 13 mm 的长度，从线头开始，至少 10 mm 导线之间不应有交叉。

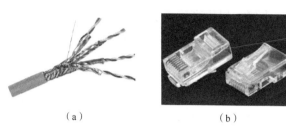

图 1-13　8 芯屏蔽双绞线与水晶头
(a) 8 芯屏蔽双绞线；(b) 水晶头

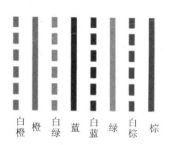

图 1-14　568B 线序

（3）插入 RJ-45 水晶头，并用压线钳压接。将双绞线插入 RJ-45 水晶头时要注意方向，并且要插到底，然后用压线钳压接好。

端接制作时要求符合规定，电缆应尽量保持扭绞状态，减小扭绞松开长度。线序要正确，压接护套要到位，并剪掉牵引线。

复习思考题

1. 简述智能建筑的组成。
2. 简述智能建筑的主要功能。
3. 如何理解智能建筑系统集成？
4. 简述智能建筑和传统建筑的主要区别。
5. 简述实现智能建筑功能主要依赖的 3C 技术具体指的是哪些技术。
6. 简述楼宇智能化技术的应用，并举例说明。
7. 简述我国楼宇智能化技术的发展前景，并说一说你的体会。

项目 2

入侵防范报警系统

教学目的

通过"教、学、做合一"的模式,使用任务驱动的方法,使学生了解安全防范概念及安全防范系统的组成,认识楼宇智能化安全防范系统设备,理解其工作原理。

教学重点

讲解重点——安全防范系统的组成。
操作重点——入侵防范报警系统的功能演示。

教学难点

理论难点——安全防范系统的工作原理。
操作难点——安全防范系统设备的拆装。

2.1 任务1　　了解安全防范技术

学习目标

（1）理解安全防范的概念。
（2）了解安全防范系统的组成和特点。

2.1.1 安全防范概述

安全防范是公安保卫系统的专门术语，是指以维护社会公共安全为目的的防入侵、防盗、防破坏、防火、防暴和安全检查等措施。为了达到防入侵、防盗、防破坏等目的，智能建筑采用以电子技术、传感器技术和计算机技术为基础的安全防范技术的器材设备，并将其构成一个系统。

安全防范技术正逐步发展成为一项专门的公安技术学科，将防火、防入侵、防盗、防破坏、防暴和通信联络等各分系统进行联合设计，组成一个综合的、多功能的安防控制系统是安全防范技术工作的发展方向。

1. 安全防范的手段

安全防范是社会公共安全的一部分，包括人力防范、实（物）体防范和技术防范。

1）人力防范

基础的人力防范（简称人防）利用人们自身的"传感器"（眼、耳等）进行探测，发现妨害或破坏安全的目标，并作出反应；用声音警告、恐吓、设置障碍、武器还击等手段来延迟或阻止危险的发生，并在自身力量不足时发出求援信号，制止危险的发生或处理已发生的危险。

2）实体防范

实体防范（简称物防）的主要目的是推迟危险的发生，为"反应"提供足够的时间。现代的实体防范已不是单纯物质屏障的被动防范，而是越来越多地采用高科技手段，一方面使实体屏障被破坏的可能性变小，增大延迟时间；另一方面也使实体屏障本身增加探测和反应的功能。

3）技术防范

技术防范是人力防范和实体防范功能的延伸和加强，是对人力防范和实体防范在技术手段上的补充和加强。它要融入人力防范和实体防范之中，使人力防范和实体防范在探测、延迟和反应3个基本要素中不断地增加高科技含量，提高探测能力、延迟能力和反应能力，使防范手段真正起到作用，达到预期的目的。

在现今的社会，单独依靠上述3种防范手段中的一种，都是不完善的，为保证安全防范的有效性，必须将 3 类防范手段进行有机地结合。换句话说，任何高科技的技术防范设备和系统应用都必须有实体防范设施的配合、高素质人员的操作与使用，以及高水平的组织管理，才能充分发挥技术防范的功用。

2. 安全防范的基本要素

安全防范的 3 个基本要素是探测、延迟与反应。探测是指感知显性和隐性风险事件的发生并发出报警；延迟是指延长和推迟风险事件发生的进程；反应是指组织力量为制止风险事件的发生所采取的快速行动。

在安全防范的 3 种基本手段中，要实现防范的最终目的，都要围绕探测、延迟、反应这 3 个基本防范要素开展工作、采取措施，以预防和阻止风险事件的发生。

探测、延迟和反应 3 个基本要素之间是相互联系、缺一不可的关系：一方面，探测要准确无误，延迟时间长短要合适，反应要迅速；另一方面，反应的总时间应小于（至多等于）探测加延迟的总时间，即 $T_{反应} \leq T_{探测} + T_{延迟}$。

3. 安全防范的重要性

随着科学技术的发展，犯罪手段更加复杂化、智能化和技术化，作案工具和作案手段逐步升级，隐蔽性也更强。因此，我们需要将先进的科学技术应用于以安全防范为目的的监控领域中，有效地防范和制止犯罪分子的各种破坏活动，维护社会安定和人民生命财产的安全。

综观各类防范手段，人防的力量是有限的；物防则仅靠物理屏障来抵御外来的入侵，作用有限；技术防范将先进科学技术用于安全防范领域并逐渐形成一种独立的、新的防范手段，且随着现代科学技术的不断发展和普及，防范的内容不断地更新和发展，使新的设备、系统具有新的功能。

技术防范在安全防范中的地位和作用越来越重要，具有人防和物防不可替代的作用，成为安全防范工作的方向。

1）安全防范的作用

（1）安全防范设施可以及时发现案情，提高破案率。利用安全防范设施可以及时发现犯罪分子的破坏活动，打击和预防各类犯罪活动，有利于减少发案率。

（2）安全防范设备协助人防担任警戒和报警任务，可以节省大量的人力和财力。在安装了多功能、多层次、多方位的安全防范监控系统后，从室外到室内、重要的出入口、主要的通道、重点保护的房间和场所、贵重物品等都处于监控的范围之内，能够大大减少巡逻值班人员的数量，提高工作效率。

（3）安全防范系统增加了犯罪分子的犯罪风险，使犯罪分子不敢轻易作案，从而降低了犯罪率。

2）技术防范的特点

（1）技术防范的应用范围广泛，可以应用在一切需要进行防范的单位和场所，包括政府机关、工矿企业、科研单位、财政金融系统、商业系统、文物保护单位、交通要道和居民住宅小区等。

（2）技术防范系统具有快速反应能力，可以进行远距离、多层次、多方位的有线和无线信息的高效率传输，能够及时提供发案时间和现场信息，即使作案人员逃跑，也能为破案提供重要的线索和证据。

（3）技术防范的防范能力强。安全技术防范系统采用各种不同的技术，具有很强的防范能力，如视频安防监控系统使管理人员通过图像对监控覆盖范围内的现场实施管理，即使作案人员逃跑，也能做到及时取证；出入口控制系统记录正常的进入信息，对异常进入报警；入侵报警系统能对非法入侵及时报警，并及时通知安保人员予以处置等。

2.1.2 安全防范系统及其要求

智能建筑相对封闭，要求实行安全防范系统（简称安防系统）自动化监控管理，建立健全的智能建筑安全防范系统。智能建筑安全防范系统必须设置3道防线，第1道防线为周边及区域安防，第2道防线为单元安防，第3道防线为家庭安防，如图2-1所示。

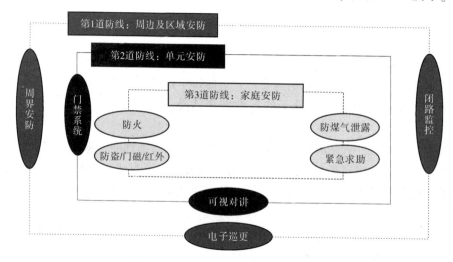

图2-1 智能建筑安防系统的3道防线

1. 周边及区域安防

周边及区域安防主要包含周界安防和闭路监控，它采用周界防越主动红外对射报警系统，对周边非法侵入者进行主动探测、定位和报警，判断发生情况的对射区，提示保安人员进行处理。闭路监控采用在围墙上架设红外摄像机与红外对射相结合的方式进行布防，周界布防被触发后会立即报警。

2. 单元安防

单元安防主要包含门禁系统和可视对讲。门禁系统是对出入口通道进行管制的系统，它可以通过使用IC卡、感应卡、威根卡、磁性卡等卡片对出入口进行有效的控制，还可以采用密码和人体生物特征对出入事件进行自动登录存储。可视对讲是住宅小区住户与来访者的音像通信系统。通过该系统的设置，在家中使用对讲/可视对讲分机，来访者使用设在单元楼门口的对讲/可视对讲门口主机，住户与来访者通话并通过分机屏幕上的影像辨认来访者。

当来访者被确认后,住户利用分机上的门锁控制键打开单元楼门口主机上的电控门锁,允许来访者进入;否则,一切非本单元楼的人员及陌生来访者均不能进入。

3. 家庭安防

家庭安防主要包含防火、防盗、门磁、红外、防煤气泄漏和紧急求助,它通过无线或有线连接各类探测器,实现防盗报警功能。主机连接固定电话线,如果有警情,则按照客户设定的手机或电话号码拨号报警。家庭安防系统是预防盗窃、抢劫和火灾等意外事件的重要设施,一旦发生突发事件,即可通过电话迅速通知主人,便于及时采取应急措施,防止意外发生或者灾害扩大。

安防系统应与小区的建设综合设计,同步施工,独立验收,同时交付使用,使用的设备和产品应符合国家法律法规、现行强制性标准和安全防范管理的要求,通过安全认证和生产登记批准,型式检验合格,各系统的设置、运行和故障等信息的保存时间应超过 30 天。

智能建筑安防系统的设计宜同本市监控报警联网系统的建设相协调、配套,作为社会监控报警接入资源时,其网络接口、性能要求应符合相关标准的要求。

下面详细介绍家庭安防的家居防盗报警系统。

2.1.3 家居防盗报警系统

家居(又称户内型)防盗报警系统与周界安全防范在报警控制管理并无很大的区别,主要由前端探测器、控制主机(也可与小区管理中心主机联网)组成,如图 2-2 所示。家居防盗报警系统的前端设备较多,报警主机可以与电话网络连接,提供远程报警。

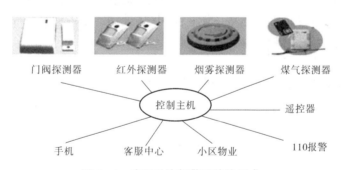

图 2-2 家居防盗报警系统的组成

家居防盗报警系统常用的传输方式有专线传输、借用线传输和无线传输。专线传输利用专用线缆(包括光缆)设备敷设专用线路网络来构成报警信息的传输通道;借用线传输借用电话线、电力线、有线电视网等公共线路作为报警信息传输通道;无线传输将前端探测器与无线发射器相接,发生警情时向空中发射无线电信号,无线接收机收到信号后报警,由工作人员进行处理。

1. 专线传输报警系统

专线传输报警系统主要是总线型报警系统,核心是通过微处理器和总线对前端探测器进行控制,其组成框图如图 2-3 所示。

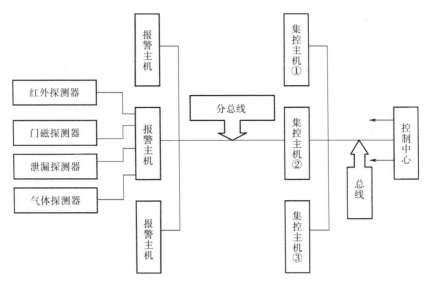

图 2-3 总线型报警系统组成框图

控制中心与集控主机的连线称为总线,它是集控主机与控制中心的数据通道。所有的集控主机并接在这对连线上,每个集控主机有一个编码,控制中心主机以此区分各个集控主机的地址。集控主机与前端探测器之间的连线称为分总线,分总线是报警主机与集控主机之间的数据通道,所有的报警主机并接在这对连线上。每个报警主机都有独立的地址码,集控主机以此来区分各个报警主机的具体地址码。

总线型报警系统具有速度快、容量大、成本低的优点,而且,它可以和楼宇对讲系统统一布线,非常适合在新建的尤其是大中型住宅小区中使用,是一种家庭普及型产品。

2. 借用线传输报警系统

借用线传输报警系统主要有访客对讲系统联网家居报警和有线电话联网报警系统。访客对讲系统联网家居报警与访客对讲系统联网,免去了报警单元传输网络的敷设,在新建的小区已得到普遍应用,带防区对讲联网型系统局部如图 2-4 所示;有线电话联网报警系统由各种前端探测器、报警主机和电话网络等组成,如图 2-5 所示。

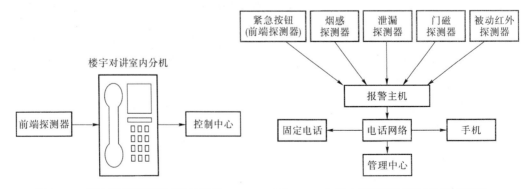

图 2-4 带防区对讲联网型系统局部　　图 2-5 有线电话联网报警系统组成框图

3. 无线传输报警系统

无线传输报警系统主要是家居安防无线报警系统。家居安防无线报警系统由报警主机、无线烟感探测器、煤气探测器、被动式红外探测器、无线门磁、无线遥控等组成，如图2-6所示。

无线传输具有免敷设线缆、工程施工简单的优点，但易受外界干扰，系统的稳定性差。

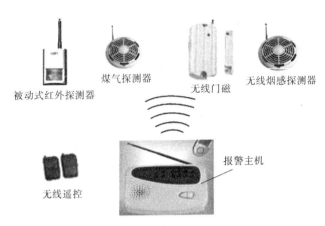

图2-6　家居安防无线报警系统的组成

2.2　任务2　入侵防范报警系统及其常用设备

学习目标

(1) 认识楼宇智能化安全防范系统设备。
(2) 掌握入侵防范报警系统的组成与特点。
(3) 认识各个模块的外观并了解其功能参数。

2.2.1　入侵防范报警系统概述

入侵防范报警系统是以防止非法入侵、防盗与防破坏为目的，利用传感技术和电子信息技术，由各种安全技术防范的设备与产品组建而成的，用于探测并提示非法入侵或试图非法入侵设防区域的行为，并处理报警信息，发出报警信号，对公共场合、住宅小区、重要部门（楼宇）及家居安全进行控制和管理的电子系统或网络。

入侵防范报警系统一般由前端报警探测器、信号传输媒介和终端的管理及控制部分组成，如图2-7所示。

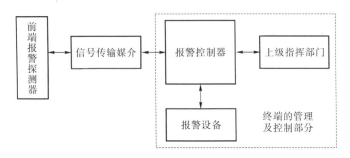

图 2-7 入侵报警系统的基本组成

1. 前端报警探测器

入侵探测器直接安装于监控现场,是防盗报警系统的前端,也是系统的关键部分,它利用各种技术探测和监控现场目标的物理量变化,并转换成满足要求的电信号,其性能优劣在很大程度上决定着报警系统的性能与可靠性。

安防系统常用的前端设备有红外探测器、微波探测器、震动探测器、泄漏电缆探测器、门磁、烟感探测器、气体泄漏探测器等。

2. 信号传输媒介

信号传输媒介将报警探测器的报警信息传送至报警控制器进行处理、判断,确定有无入侵行为发生。专线传输、借用线传输和无线传输的传输媒介优缺点对比见表 2-1。

表 2-1 传输媒介的优缺点比较

传输方式	信号传输媒介	优点	缺点
专线传输	线缆、光缆	系统稳定、可靠	管线敷设复杂
借用线传输	电话线、电力线、有线电视网	免敷设线缆,施工简单,造价低,扩充容易	抗干扰差,在一定程度上影响系统运行的稳定
无线传输	无线电、红外线	施工简单,应用面广	系统不稳定,易受干扰

3. 终端的管理及控制部分

终端的管理及控制部分主要是报警控制器。

报警控制器通常置于用户端的值班中心,是报警系统的主控部分,也称报警主机,它可以向报警探测器提供电源,接收各报警探测器传来的信号并对其进行分析、判断和处理。当确认入侵报警事件发生时,报警控制器发出声、光报警信号,并指示发生报警的部位,还能启动其他报警装置(如警笛、警灯)以威慑犯罪分子,避免犯罪分子采取进一步的破坏活动,或启动相关部位的摄录像机进行监视与录像,供事后进行备查与分析。报警控制器还具有向上一级接警中心报告警情,即与上一级系统联网的功能,因此又称为报警控制/通信主机。

根据上述要求,报警控制器大多采用微处理器系统,通过对微处理器操作执行程序的编写而具有系统自检、故障报警和系统编程等功能。系统自检功能和故障报警功能可以对入侵报警系统各部分设备与传输线路等是否处于正常工作状态进行检测，如果检测到不正常的情况发生则发出故障报警信号；系统编程功能体现了报警控制器的智能化程度与微处理器操作执行程序的编写水平，良好的系统编程功能可以满足不同用户的防范需求，使报警系统发挥更大的作用。

2.2.2 探测报警的常用设备

探测报警的常用设备有红外探测器、微波探测器、双鉴探测器、振动探测器、门磁、玻璃破碎探测器、气体泄漏探测器、烟感探测器、紧急求助按钮和报警控制器。

1. 红外探测器

红外探测器是一种辐射能转换器，它通过红外接收器将收到的红外辐射能转换为便于测量或观察的电能和热能。根据能量转换方式不同，红外探测器分为光子探测器和热探测器两类，即平常所说的主动式红外探测器和被动式红外探测器。

1）主动式红外探测器

主动式红外探测器又称光束遮断式感应器，它由一个发射器和一个接收器组成，如图 2-8 所示。

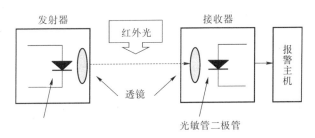

图 2-8 主动式红外探测器组成示意图

(1) 主动式红外探测器的类型。

主动式红外探测器按光束数分类有单光束、双光束、三光束、多光束（栅栏），如图 2-9 所示。习惯上称四光束以上为红外栅栏（杆），多光束与单光束主要是使用场合上的区别。

图 2-9 主动式红外探测器的类型
(a) 单光束；(b) 双光束；(c) 三光束；(d) 多光束（栅栏）

主动式红外探测器按红外波长分为 840 nm 和 960 nm 波段的红外发光管或激光管；按安装环境分为室内型和室外型，室内型多为单光束型；按光束的发射方式分为调制型和非调制型；按探测距离有 10 m、20 m、30 m、40 m、60 m、80 m、100 m、150 m、200 m、300 m

等；按传输方式分为有线式、无线式及有线与无线兼容式；按发射机与接收机设置的相对位置分为对射型安装方式和反射型安装方式。

（2）主动式红外探测器的结构。

主动式红外探测器由红外发射器（主机）、红外接射器（从机）、信号处理电路和与之配套的光学镜片、受光器校准（强度）指示灯、防拆开关、用来调试技术参数的相关单元（发射距离及发射功率调整、光轴水平/垂直角度调整、射束周期及遮断检知调整）组成。栅栏型和双光束主动式红外探测器的结构如图 2-10 所示。

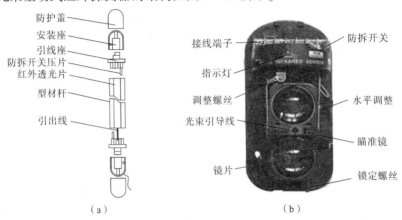

图 2-10 主动式红外探测器的结构
(a) 栅栏型；(b) 双光束

2) 被动式红外探测器

被动式红外探测器主要由光学系统（菲尼尔透镜）、热释放红外传感器（Passive Infrared Ray，PIR）、信号处理电路组成，如图 2-11 所示。

图 2-11 被动式红外探测器组成框图

被动式红外探测器与主动式红外探测器的工作原理相似，主动式的红外辐射是由专用发送器完成的，被动式红外探测器则利用人体具有红外发射的现象进行红外辐射。

被动式红外探测器有壁挂式、吸顶式等，如图 2-12 所示，其探测范位如图 2-13 所示。

图 2-12 被动式红外探测器
(a) 壁挂式；(b) 吸顶式

图 2-13 被动式红外探测器的探测范围
(a) 水平范围；(b) 垂直范围

2. 微波探测器

微波的波长与一般物体的几何尺寸近似，因此很容易被物体反射。当信号源发送的电磁波（微波）以恒定的速度向前传播时，如果遇到不动的物体，则被该物体反射回来，而且被反射的信号频率是不变的；如果遇到移动物体，并且移动物体朝信号源方向做径向运动，被反射回来的频率则高于信号源的频率，反之，则低于信号源的频率。发射频率与反射频率存在差异的现象称为多普勒效应。

微波传感器分为发射式（又称移动型、雷达式和被动式）微波传感器和遮断式（又称主动式）微波传感器。

3. 双鉴探测器

双鉴探测器又称双技术报警探测器、复合式探测器或组合式探测器，为了克服单一技术探测器的缺陷，通常将两种不同技术的探测器整合在一起，只有当两种探测技术的传感器都探测到人体移动时才报警，从而降低误报率。常见的双鉴探测器多为微波与被动红外结合，如图 2-14 所示。

4. 振动探测器

振动探测器用于探测入侵者的走动或进行各种破坏活动时所产生的机械冲击。

5. 门磁

门磁用于检测门窗的启闭状态，属于开关式报警器。门磁是由永久磁铁及干簧管（又称磁簧管或磁控管）两部分组成的，干簧管是一个内部充有惰性气体（如氪气）的玻璃管，装有两个金属簧片，形成触点。门磁通常安装在家居的大门或门窗上，固定端和活动端分别安装在大门的门框和门扇、窗户的窗框和窗扇上。常用的门磁探测器有无线门磁和遥控门磁，如图 2-15 所示。

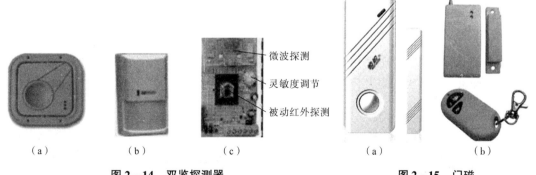

图 2-14 双鉴探测器
(a) 吸顶式；(b) 壁挂式；(c) 内部结构

图 2-15 门磁
(a) 无线门磁；(b) 遥控门磁

6. 玻璃破碎探测器

玻璃破碎探测器通常安装在被检测的玻璃对面，其核心器件是压电式拾音器，能够对高频的玻璃破碎声音（10 k～15 kHz）进行有效检测，当玻璃破碎时产生报警，防止非法入侵。

7. 气体泄漏探测器

气体泄漏探测器主要用于家居厨房（或卫生间）煤气、石油气和天然气泄漏的检测。当可燃气体泄露，报警器检测到气体浓度达到报警器设置的安全临界点时，发出报警信号，以提醒采取安全措施，并驱动排风，切断电源，启动喷淋系统，防止发生爆炸、火灾、中毒事故，从而保障安全。

8. 烟感探测器

烟感探测器是通过监测烟雾的浓度来实现火灾防范的装置。它由传感器、喇叭、电源（或电池）和控制电路4个部分组成，根据传感器不同可以分为光电传感器和离子传感器两种，离子传感器又可以分为有线型和无线型，如图2-16所示。

图2-16　烟感探测器

(a) 光电传感器；(b) 离子传感器

9. 紧急求助按钮

紧急求助按钮有无线和有线两种，通常安装在容易触摸的地方，在发生紧急情况时能够及时触发报警装置。紧急求助按钮和其他多数前端设备一样，不能独立使用，必须依赖报警主机发挥报警作用。常见的紧急求助按钮如图2-17所示。

当业主有紧急帮助需求时，按下紧急按钮，报警主机即可按照设定好的方式发出报警信号。

10. 报警控制器

报警控制器即报警主机。在安全防范时，报警控制器是一个核心设备，由信号处理电路和报警装置组成。常见的报警控制器如图2-18所示。

图2-17　紧急求助按钮

(a)　　　　　(b)　　　　　(c)

图2-18　报警控制器

(a) 远程无线型；(b) 有线、无线兼容型；(c) 电话联网型报警控制器在承担安全防范时，应能直接或间接接收来自入侵探测器和紧急报警装置的报警信号并进行处理，同时发出声光报警，显示入侵发生的部位和性质。管理人员可以通过报警控制器的显示结果对信号进行分析、处理，实施现场监听或监视，确认属于非法入侵，即可组织相关人员赶赴现场或上传报警。若属于误报，则进行复位处理。

复习思考题

1. 简述安全防范和安全防范技术。
2. 简述安全防范的探测、延迟与反应3个基本要素之间的关系。
3. 简述小区安全防范系统的5道防线。
4. 简述红外接收机和红外发射机接线内容的区别。
5. 简述被动红外探测器的组成及工作原理。
6. 简述入侵报警系统的基本组成及其作用。
7. 常用的探测报警器设备有哪些？

项目 3

可视对讲门禁系统

教学目的

通过"教、学、做合一"的模式,使用任务驱动的方法,使学生理解可视对讲门禁系统的原理及功能,掌握可视对讲门禁系统设备的工作过程、安装方法和参数设置,以及操作系统设备实现系统功能的方法。

教学重点

讲解重点——可视对讲门禁系统的功能与原理。
操作重点——可视对讲门禁系统的安装与调试。

教学难点

理论难点——可视对讲门禁系统的原理。
操作难点——可视对讲门禁系统的调试。

3.1 任务1　可视对讲门禁系统的认知

学习目标

(1) 认识并理解可视对讲门禁系统的模块及功能。
(2) 理解可视对讲门禁系统的组成与工作原理。

3.1.1 门禁系统概述

门禁系统是采用现代电子与信息技术，在出入口对人或物的进出进行放行、拒绝、记录和报警等操作的控制系统。出入口控制系统是安全技术防范领域的重要组成部分，是现代信息科技发展的产物，是智能小区的必然需求。楼宇访客对讲门禁系统是智能小区中应用最广泛、使用频率最高的系统。

1. 门禁系统的组成

门禁系统主要由门禁识别卡、门禁识别器、门禁控制器、电锁、闭门器、门禁电源、出门按钮和门禁软件等组成。典型的门禁系统组成如图 3-1 所示。

1) 门禁识别卡

门禁识别卡（简称门禁卡）是门禁系统的"钥匙"，它可以是磁卡密码或指纹、掌纹、虹膜、视网膜、脸、声音等各种人体生物特征。常用的门禁卡如图 3-2 所示。

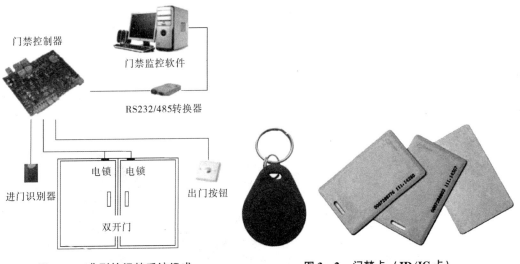

图 3-1　典型的门禁系统组成　　　　图 3-2　门禁卡（ID/IC 卡）

2) 门禁识别器

门禁识别器负责读取出入凭证中的数据信息或生物特征信息，并将信息输入到门禁控制器。常用的门禁识别器主要有密码识别仪、IC/ID 卡识别器、指纹识别器等，如图 3-3 所示。

图 3-3　门禁识别器

(a) 密码识别器；(b) IC/ID 卡识别器；(c) 指纹识别器

3) 门禁控制器

门禁控制器是门禁系统的核心，它负责整个系统输入、输出信息的处理储存和控制等，相当于计算机的 CPU。门禁控制器用于验证识别仪出入信息的正确性，并根据出入法则和管理规则判断其有效性，若有效则对执行部件发出动作信号。常用的门禁控制器有单门一体机、联网门禁控制器、虹膜识别控制器、人脸识别控制器等，如图 3-4 所示。

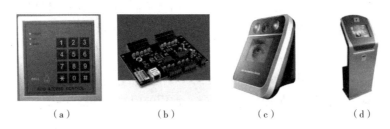

图 3-4　门禁控制器

(a) 单门一体机；(b) 联网门禁控制器；(c) 虹膜识别控制器；(d) 人脸识别控制器

4) 电锁

电锁是门禁系统的重要组成部分，通常称为电控锁。电锁的主要品种有：电插锁（控阳锁）、电锁扣（控阴锁）、磁力锁（电磁锁），如图 3-5 所示。

图 3-5　电锁

(a) 电插锁（控阳锁）；(b) 电锁扣（控阴锁）；(c) 磁力锁（电磁锁）

5）闭门器

闭门器是安装在门扇头上一个类似弹簧的可以伸缩的机械臂,如图 3-6 所示。当门开启时通过液压或弹簧压缩后释放机械臂,将门自动关闭,类似弹簧门的作用。闭门器分弹簧闭门器和液压闭门器。

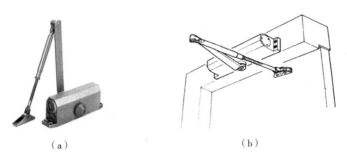

图 3-6 闭门器及其安装图
(a) 闭门器;(b) 安装图

6）门禁电源

门禁电源在正常供电情况下由系统供电,当发生停电或人为制造供电事故时,为保障门禁系统的正常运转,通常设有备用电源。例如,佳乐 DH-1 000A-U 备用电源一般可以维持 48 h 的供电。

7）出门按钮

门禁系统的出门按钮设在门禁大门的内侧。住户出门时,只要按下出门按键,门即打开。这一方式使用便捷,但安全性略低,只适用于内部人员出入的场所。如果设置出门限制,还必须通过刷卡才能开门,该方式只适用于不希望人员随意出入的办公场所,住宅小区通常不采用该方式。

8）门禁软件

门禁软件负责门禁系统的监控、管理、查询等工作,监控人员通过门禁软件可以对出入口的状态和门禁控制器的工作状态进行监控管理,完成巡更、考勤、人员定位等工作。

2. 门禁系统的分类

门禁系统可以按照识别方式、设计原理或门禁系统与微机通信方式进行分类。

1）按照识别方式分类

门禁系统按照识别方式分为密码识别、卡片识别和生物识别。密码识别通过检验输入密码是否正确来识别进出权限,又分为普通型和乱序键盘型;卡片识别通过读卡或读卡加密码的方式来识别进出权限,按照卡片种类又分为磁卡和射频卡;生物识别通过检验人员的生物特征等方式来识别进出权限,有指纹型、虹膜型和面部识别型。

2）按照设计原理分类

门禁系统按照设计原理分为控制器自带识别器和控制器与识别器分体两类。控制器自带识别器设计的缺陷是控制器须安装在门外,因此部分控制线暴露在门外,内行人无须卡片或密码就可以轻松开门。控制器与识别器分体系统控制器安装在室内，只有读卡器输入线露在室外，所有控制线均在室内，而读卡器传递的是数字信号，因此，若无有效卡片或密码则无法进门，是用户的首选。

3）按照门禁系统与微机通信方式分类

门禁系统按照其与微机的通信方式分为单机控制型、总线通信方式和以太网网络型。

3.1.2 可视对讲系统的组成与工作原理

可视对讲系统是门禁系统的典型应用，是住宅小区安防系统的核心。通过系统的有效管理，可以实现住宅小区人流与物流的三级无缝隙管理：第一级为大门，通常较大的小区都装有入口主机，来访客人通过入口主机呼叫住户，住户允许进入时保安人员放行；第二级为单元楼门口，单元楼门口装有门口机（又称梯口机），用于控制单元楼的人员进入；第三级为住户门口，安装住户门前机即门前铃，主要用于拒绝尾随人员，二次确认来访人员。

小区住户可以凭借感应卡、密码或钥匙进入小区大门和住户本单元楼宇大门（简称单元门）。外来人员要进入单元门，必须正确按下被访住户房号键，接通住户室内分机后，与主人对话（可视系统还能通过分机屏幕上的视频）确认身份，一旦来访者被确认，户主按下分机上的门锁控制键即可打开梯口电控门锁放行。

1. 直按式可视对讲系统

直按式可视对讲系统具有图像传输显示功能，门口主机设置了摄像头，用于图像的采集，通过视频通道传输送到室内分机的显示屏。住户分机不仅具有传送语音的功能，还具有图像显示装置。摄像头通常设有红外补偿，用于夜间照明度比较低的情况下辨认对方的画面。

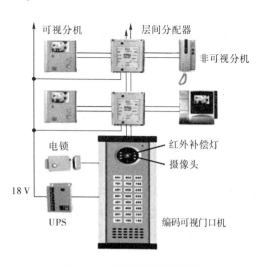

图 3-7 直按式可视对讲系统

直按式可视对讲系统主要由梯口主机（编码可视门口机）、层间分配器、可视分机、电锁、不间断电源（UPS）、信号传输线、电源线和视频线等构成，如图 3-7 所示。

直按式可视对讲系统在无人访问时，门口机显示屏显示工作状态，室内分机处于待机状态。当有人访问按下对应房号键时，摄像头开始采集图像，对应的室内机振铃，显示屏显示来客画面。主人可以开锁摘机通话并开门放行，也可以按下免打扰键，门口继续处于呼叫状态，还可以呼叫管理中心出面干预。门口机的摄像头可以帮助主人监视门口场景，当用户按下室内机监视键（免摘机），门口的场景即可显示在屏幕上。

2. 独户型可视对讲系统

独户型可视对讲系统把门口机进行"缩小",免去众多的数字键,只设置一个按键,内置一个摄像头,通常称为门前铃,而且室内分机不只服务一个门口机,当来访客人按下门前铃的呼叫按键时,室内各分机同时进入工作状态。

独户型可视对讲系统如图3-8所示。

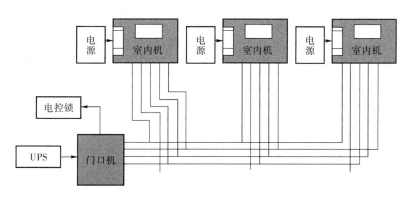

图3-8 独户型可视对讲系统

3. 联网型可视对讲系统

联网是将分散的访客对讲系统通过一定的技术措施融合在一起,从而集合更多的功能,提高防范的安全系数,降低管理成本。根据小区的经济条件和小区的规模,联网型访客对讲系统分为直按式联网型、隔离保护型、分片切换联网型和分片交换联网型。

3.2 任务2 可视对讲门禁系统的安装与连接

学习目标

掌握可视对讲门禁系统设备的安装与连接方法。

3.2.1 可视对讲门禁系统的组成

THBAES-3B楼宇智能化工程实训系统中的可视对讲门禁系统的组成如图3-9所示,其功能有:

(1) 管理主机,实现与室内分机及门口主机的通话,并能观看门口主机传过来的视频图像;

（2）室内分机能够将单元门上的电磁锁打开，实现住户间的通话，并向管理主机发送求助信号；

（3）住户可以凭 IC 卡自由出入，如果忘记带门禁卡，还可以通过门口主机与管理主机向保安求助，让保安在控制室将门打开。

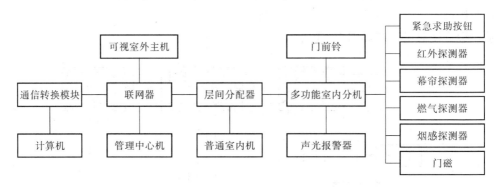

图 3-9 对讲门禁系统组成框图

1. 管理中心机

管理中心机是安装在小区管理中心的通话对讲设备，用于控制各单元防盗门电控锁的开启。小区安保管理中心是系统的神经中枢，管理人员通过设置在小区安保管理中心的管理中心机管理各子系统的终端，各子系统的终端只有在小区安保管理中心的统一协调管理控制下才能正常有效地工作。

管理中心机的主要功能是接收住户呼叫、与住户对讲、报警提示、开单元门、呼叫住户、监视单元门口、记录系统各种运行状态等。

管理中心机外形及接线端口如图 3-10 所示，各接线端口说明见表 3-1。

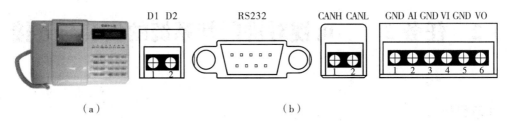

图 3-10 管理中心机及接线端口

(a) 外形；(b) 接线端口

表 3-1 管理中心机接线端口说明

端口号	序号	端口标识	端口名称	连接设备名称	注释
端口 A	1	D1	18 V 电源	电源箱	为管理中心机供电，18 V，无极性
端口 B	1-9		RS232	计算机	RS232 接口，接上位计算机

续表

端口号	序号	端口标识	端口名称	连接设备名称	注释
端口 C	1	CANH	CAN 正	室外主机或矩阵切换器	CAN 总线接口
	2	CANL	CAN 负		
端口 D	1	GND	接地	室外主机或矩阵切换器	音频信号输入端口
	2	AI	音频输入		
	3	GND	接地		视频信号输入端口
	4	VI	视频输入		
	5	GND	接地	监视器	视频信号输出端,可以外接监视器
	6	VO	视频输出		

注意:当管理中心机处于 CAN 总线的末端时,需要在 CAN 总线接线端口处并联一个 120 Ω、0.25 W 的电阻(即并接在 CANH 与 CANL 之间)。

2. 联网式可视室外主机

联网式可视室外主机用于选通和对讲控制,一般安装在单元楼门口的防盗门上或附近的墙上,具有呼叫住户、呼叫管理中心机、密码开门和刷卡开门等功能。联网式可视室外主机包括面板、底盒、操作部分、音频部分、视频部分和控制部分,如图 3-11 所示,各端口接线见表 3-2。

联网式可视室外主机是通过联网器与其他器件连接通信的,室外主机与联网器的接线示意图如图 3-12 所示。

图 3-11 联网式可视室外主机

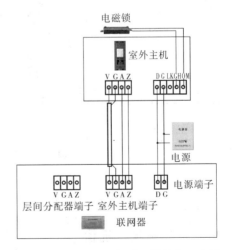

图 3-12 室外主机与联网器接线示意图

表 3-2 联网式可视室外主机接线端口

端口	标识	名称	连接关系
1	D	电源端	电源 +18 V
2	G	接地端	电源端子 GND
3	LK	电控锁	接电控锁正极
4	G	接地端	接锁地线
5	LKM	电磁锁	接电磁锁正极
6	V	视频	接联网器室外主机端子 V
7	G	地	接联网器室外主机端子 G
8	A	音频	接联网器室外主机端子 A
9	Z	总线	接联网器室外主机端子 Z

3. 可视室内对讲分机

可视室内对讲分机是安装在各住户的通话对讲及控制开锁的装置，由分机底座及分机手柄组成，最基本的功能按键有开锁按键和呼叫按键，如图 3-13 所示。在主机呼叫分机后，分机通过开锁按键开启门口电控锁；呼叫按键主要用在数字式联网系统中，当住户按下分机的呼叫按键时，管理中心可以显示住户房间号码。

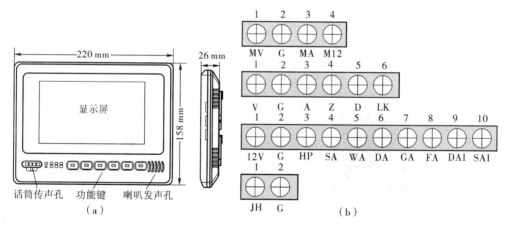

图 3-13 可视室内对讲分机及接线端口
(a) 对讲分机；(b) 接线端口

可视室内对讲分机与层间分配器及报警传感器接线分别如图 3-14、图 3-15 所示。

4. 出入口控制执行机构

出入口控制执行机构执行从出入口管理子系统发来的控制命令，在出入口作出相应的动作，实现出入口控制系统的拒绝与放行操作。常见的出入口控制执行机构有电控锁和门前铃，如图 3-16 所示。

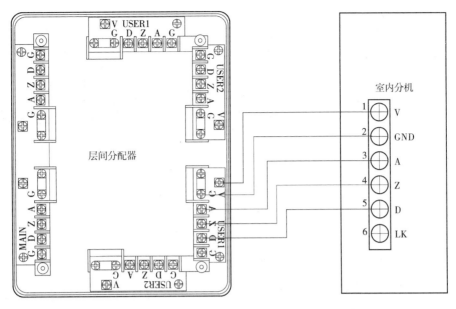

图 3-14 可视室内对讲分机与层间分配器接线示意图

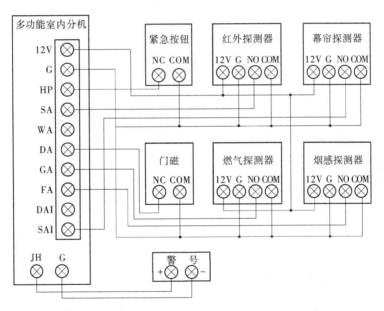

图 3-15 可视室内对讲分机与报警传感器接线示意图

5. 中继设备

可视对讲门禁系统的中级设备有联网器、层间分配器、磁力锁控制器、CAN 总线与 RS232 总线转换模块、室内安防系统及设备。

(1) 联网器是用来设计楼号和单元号的,是主机和分机与管理机之间的通信关联器件,其外形如图 3-17 所示。联网器的接线端子有电源端子、室内方向端子、室外方向端子和外网端子,各端子的标识、名称和连接关系见表 3-3。

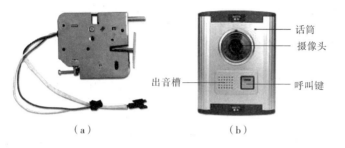

图 3-16 出入口控制执行结构
(a) 电控锁;(b) 门前铃

图 3-17 联网器

表 3-3 联网器的接线端子

端子分类	端子序号	标识	名称	连接关系 (Power)
电源端子 (XS4)	1	D+	电源	电源 D
	2	D-	地	电源 G
室内方向端子 (XS5)	1	V	视频	接单元通信端子 V (1)
	2	G	地	接单元通信端子 G (2)
	3	A	音频	接单元通信端子 A (3)
	4	Z	总线	接单元通信端子 Z (4)
室外方向端子 (XS6)	1	V	视频	接室外主机通信接线端子 V (1)
	2	G	地	接室外主机通信接线端子 G (2)
	3	A	音频	接室外主机通信接线端子 A (3)
	4	Z/M12	总线	接室外主机通信接线端子 Z (4) 或门前铃电源端子 M12
外网端子 (XS7)	1	V1	视频 1	接外网通信接线端子 V1 (1)
	2	V2	视频 2	接外网通信接线端子 V2 (2)
	3	G	地	接外网通信接线端子 G (3)
	4	A	音频	接外网通信接线端子 A (4)
	5	CL	CAN 总线	接外网通信接线端子 CL (5)
	6	CH	CAN 总线	接外网通信接线端子 CH (6)

在对联网器进行设置时,可以根据有无室外主机设置联网器功能,具体设置见表 3-4。

表 3-4 联网器类型设置

室外方向端口 (XS3)	矩阵切换器	X2 (连接)	X3 (连接)	X1、X5、X6
室外主机	有	状态 0	状态 0	开路
	无	状态 1		

X7 接入 CAN 总线终端匹配电阻器。
联网器接线示意如图 3－18 所示。

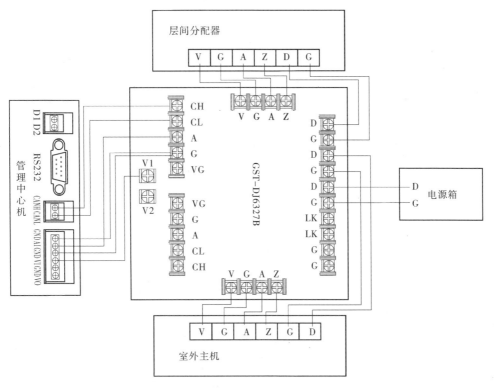

图 3－18　联网器接线示意图

（2）层间分配器主要用于解调房号、分配视频和隔离故障，其外形如图 3－19 所示。

（3）磁力锁控制器将接收的开锁信号转化成驱动信号，实现对电磁锁的衔铁吸合，通常与电源合为一体，如图 3－20 所示。

（4）CAN 总线与 RS232 总线转换模块主要实现 CAN 总线与 RS232 总线的转换，从而实现门禁系统与上位计算机间的联网，其外形如图 3－21 所示。

图 3－19　层间分配器　　图 3－20　磁力锁控制器及电源　　图 3－21　CAN 总线与 RS232 总线转换模块

（5）可视对讲门禁系统还可以集成室内安防设备，提高安全系数。室内安防部分系统结构如图 3－22 所示。

有关室内安防设备的结构和作用请参考项目 2。

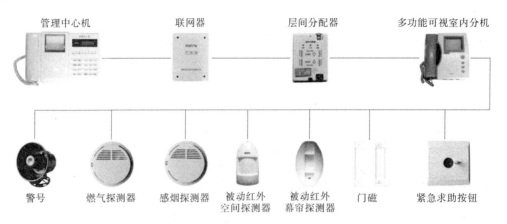

图 3-22 室内安防部分系统结构

3.2.2 系统设备安装与连接

典型可视对讲门禁系统主要由智能门禁及室内安防两部分构成,其中,智能门禁系统主要由门前室外主机、电磁门锁、可视对讲室内分机、普通室内分机、管理中心机、层间分配器、联网器等部件构成;室内安防系统主要由可视对讲室内分机、红外探测器、幕帘探测器、燃气探器、感烟探测器、警号等部件组成,接线如图 3-23 所示。

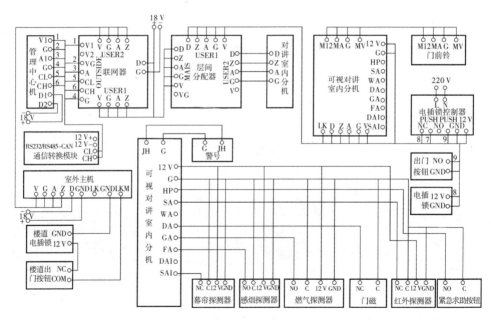

图 3-23 典型可视对讲门禁系统接线

设备安装注意:正确选择器件,安装前做好检验;合理布局,按指定位置安装,以保证安装位置正确;安装到位,器件安装后无松动,紧固件不能过松也不能过紧。

系统设备连接注意:正确选择合适的线材,并加工好;使用线槽线管,走向合理,整齐美观;连接可靠,无开路和短路现象,实现预定功能。

设备安装与连接后,要反复检查,方可通电。

可视对讲门禁与室内安防子系统的装调技能训练考核见表 3-5~表 3-8。

表 3-5 器件安装考核表

序号	重点检查内容	评分标准	分值	得分	备注
	器件安装:共 30 分	器件安装得分:_____			
1	管理中心机安装	器件选择正确,安装位置正确,器件安装后无松动	3.5		
2	室外主机安装		3.0		
3	多功能室内分机安装		3.0		
4	门前铃安装		2.0		
5	普通室内分机安装		1.5		
6	联网器安装		2.5		
7	层间分配器安装		2.5		
8	电插锁(小区)安装		2.5		
9	通信转换模块安装		1.5		
10	门磁安装		1.5		
11	家用紧急求助按钮安装		1.5		
12	被动红外空间探测器安装		1.5		
13	被动红外幕帘探测器安装		1.5		
14	燃气探测器安装		1.0		
15	感烟探测器安装		1.0		
	小计				

表 3-6 功能考核表

序号	重点检查内容	评分标准	分值	得分	备注
	功能要求:共 50 分	功能要求得分:_____			
1	室外主机呼叫可视室内分机(房间号:301)	实现可视对讲与开锁功能,视频、语音清晰	10		
2	室外主机呼叫普通室内分机(房间号:302)	实现对讲与开锁功能,语音清晰	5		
3	IC 卡刷卡开门	实现室外主机的刷卡开锁功能	5		
4	密码开锁功能	301 室开锁密码为"1111",302 室开锁密码为"2222"	5		

续表

序号	重点检查内容	评分标准	分值	得分	备注
5	居家布防功能	触发任意一个探测器，均可实现室内主机报警和管理中心报警；多功能室内分机为布防状态时，触发门磁和红外探测器，联动启动"智能小区"处的警号；撤防状态时，触发红外探测器，不启动警号	10		
6	对讲门禁软件	实现与管理中心机的通信并显示运行记录	10		
7	运行记录	指定文件路径内存储有运行记录	5		
	小计				

表 3-7 接线与布线考核表

序号	重点检查内容	评分标准	分值	得分	备注
	接线与布线：共 15 分	接线与布线得分：_____			
1	管理中心机接线	接通 8 根连接线	1.5		
2	室外主机接线	接通 8 根连接线	1.5		
3	多功能室内分机接线	接通 20 根连接线	2.0		
4	门前铃接线	接通 4 根连接线	1.0		
5	普通室内分机接线	接通 4 根连接线	1.0		
6	联网器接线	接通 15 根连接线	2.0		
7	层间分配器接线	接通 14 根连接线	2.0		
8	电插锁（小区）接线	接通 2 根连接线	0.5		
9	通信转换模块接线	接通 4 根连接线	0.5		
10	门磁开关接线	接通 2 根连接线	0.5		
11	家用紧急求助按钮接线	接通 2 根连接线	0.5		
12	被动红外空间探测器接线	接通 4 根连接线	0.5		
13	被动红外幕帘探测器接线	接通 4 根连接线	0.5		
14	燃气探测器接线	接通 4 根连接线	0.5		
15	感烟探测器接线	接通 4 根连接线	0.5		
	小计				

表 3-8 安装工艺考核表

序号	重点检查内容	评分标准	分值	得分	备注
	安装工艺：共5分	安装工艺得分：_____			
1	布线与接线工艺	线路连接、插针压接质量可靠；线槽、桥架工艺布线规范；各器件接插线与延长线的接头处套入热缩管作绝缘处理。	5		
	小计				

3.3 任务3　可视对讲门禁系统的设置与调试

学习目标

（1）掌握可视对讲门禁系统各部分设备的参数设置。
（2）掌握可视对讲门禁系统整体联调实现系统功能。

3.3.1 多功能室内机的调试与使用

1. 多功能室内机的按键图标

（1）⬬："设置"键，用于进入或者退出设置状态，也可以用来接听或挂断来电。
（2）👁："监视"键、"通话"键，显示本单元室外主机的图像。若本单元有多个入口，15 s 内按"监视"键，可依次监视各个入口的图像；若没有其他"通话"键，可作为"通话"键使用。
（3）👁："通话"键，用于显示门前铃的图像。在监视过程中按"通话"键，可与被监视的设备通话。
（4）🕿："中心"键，"保安"键，呼叫管理中心机。
（5）✉："短信"键，设置功能键或信息键。
（6）⊗："布防、撤防"键。
（7）🗝："开锁"键，"确认"键，按下可接通室外主机。

2. 多功能室内机的调试

1) 调试状态

（1）按室内分机小键盘上的"设置"键，听到一声短音提示后松开按键，"短信"灯点亮；

（2）按"短信"键，"短信"灯熄灭，提示输入超级密码；

（3）输入超级密码后，按下"开锁"键确认。

输入密码正确时发出两声短音提示，进入调试状态；若输入密码错误，则发出快节奏的声音提示错误，退出当前状态，若想进入调试状态，再次按上述步骤重新操作。

进入调试状态后，若室内分机被设置为接受呼叫只振铃不显示图像模式，"短信"灯点亮，则按照下列步骤进行调试：

（1）按"短信"键设置显示模式，按下一次，显示模式改变一次，"短信"灯点亮时室内分机被设置为接受呼叫只振铃不显示图像模式，"短信"灯不亮时室内分机被设置为正常显示模式；

（2）按"监视"键与一号室外主机可视对讲，按下"中心"键关闭音视频；

（3）按"通话"键与一号门前铃可视对讲，按下"中心"键关闭音视频；

（4）按"布防"键恢复出厂撤防密码；

（5）按"开锁"键退出调试状态。

说明：

（1）密码由"1"～"5"五个数字键构成（设置：1；监视：2；中心：3；短信：4；布防：5）。

（2）超级密码为543215。

2）通过室外主机设置室内分机地址

操作室外主机，使其处于室内分机地址设置状态，按室内分机"开锁"键，3 s后听到一声短提示音。松开按键，室内分机呼叫室外主机。呼叫地址为"9501"的室外主机或室外主机呼叫室内分机，室内分机按"通话"键后通话，按室外主机的"设置"键，在室外主机上输入欲设置的室内分机地址，按室外主机的"确认"键，室内分机收到地址后发出一声长音提示，室内分机更改为新地址，完成地址设置。

3）室内分机地址设置

如果系统中有多户安装室内分机，并需通过区分室内分机的地址进行可视对讲等操作，则要给室内分机设置地址。系统中有室外主机时，可按照室外主机的相关操作步骤，通过室外主机给室内分机设置地址。

非联网别墅系统中室内分机只外接门前铃，没有管理中心机，此时不需要设置室内分机地址。

3. 多功能室内机的功能

多功能室内机可用于呼叫、通话及开锁、监视、短信浏览、免扰、铃声设置、撤布防、紧急求助和报警等。

1）呼叫、通话及开锁

在室外主机、门前铃、小区门口机或管理中心机呼叫室内分机时，室内分机振铃，按"通话"键可与室外主机、门前铃、小区门口机或管理中心机通话，如果是多室内分机，其他室内分机自动挂断。

室外主机、门前铃呼叫室内分机,室内分机振铃或通话时按"开锁"键可打开对应的电锁。

室内分机振铃期间,按室内分机"开锁"键,室内分机停止振铃,按"通话"键则正常通话。按室内分机"开锁"键后,若室内分机振铃剩余时间大于5 s,则延时5 s后关闭业务。通话过程中再按"通话"键,则结束通话。

(1) 按下"开锁"键3 s听到一声短提示音后松开,室内分机呼叫室外主机。

(2) 按"中心"键呼叫管理中心机,管理中心机响铃并显示室内分机的号码,管理中心摘机可与室内分机通话,通话完毕按下"通话"键则挂机。若通话时间到,管理中心机和室内分机自动挂机。

(3) 按"通话"键室内分机进入准备呼叫状态,再次按"通话"键则呼叫同户室内分机。

(4) 通过呼叫管理中心告诉值班人员要呼叫的楼号、单元号及室内分机号,可以与其他住户进行通话。

室内分机接受呼叫时可以显示来访者图像。当同户多室内分机时,可将室内分机设置为接受呼叫只振铃不显示图像模式,此时室内分机接受呼叫,不显示图像,室内分机振铃时按"监视"键或"通话"键方可显示来访者图像。

2) 监视

多功能室内机的监视功能用于显示本单元室外主机的图像,如果本单元有多个入口,则依次监视各个入口的图像。15 s内按"监视"键,室内分机会监视下一幅室外主机图像。

若室内分机带有门前铃,按"监视"键3 s听到一声短提示音后松开,监视门前铃图像。室内分机接有多个门前铃时,再按一下"监视"键可依次监视各个门前铃的图像。15 s内按"监视"键,室内分机会监视下一个门前铃图像。

监视过程中按"通话"键,可与被监视的设备通话。

3) 短信浏览

短信浏览功能用于浏览短信。若有新短信到达则有短暂的提示音,"短信"灯亮,按"短信"键直接浏览短信,"短信"灯熄灭。再次按"短信"键,浏览下一条短信。按"通话"键,结束浏览。

4) 免扰功能

免扰功能用于设置免扰状态。常按"设置"键进入设置状态,"短信"灯闪烁;按"监视"键进入免扰设置状态,"短信"灯停止闪烁,此时每按一次"监视"键,免扰状态切换一次。按"设置"键退出设置状态,此时呼叫不振铃。

5) 铃声设置

常按"设置"键进入设置状态,"短信"灯闪烁,按"开锁"键进入铃声设置状态;按"监视"键或"中心"键选择铃声类别,指示灯和"访客"灯闪烁,此时可对室外主机铃声进行设置;"求助"灯闪烁时可对门前铃铃声进行设置;"访客"灯和"求助"灯均闪烁时可对管理中心机铃声进行设置。按"开锁"键选择铃声,按"短信"键和"求助"键设置铃声增大和减小,常按"开锁"键取消设置,按"设置"键确认铃声并存储铃声类型。

6）撤布防操作

（1）布防。在系统撤防的状态下按"布防"键 2 s 进入预布防状态，"布防"灯慢闪（亮少灭多），延时 60 s 进入布防状态，"布防"灯点亮。

布防状态响应所有外接探测器报警。

> ⚠ **注意**：
> 分机进入预布防状态后，请尽快离开红外报警探测区并关好门窗。

（2）撤防。在系统布防的状态下按"布防"键 2 s 听到提示音松开，进入撤防状态，"布防"灯快闪（亮多灭少）。输入撤防密码，按"开锁"键，若密码输入正确则听到一声长音提示退出当前布防状态；若密码输入错误则听到快节奏的声音提示错误，撤防密码输入错误 3 次将向管理中心上传防拆报警，并在本地进行报警提示。

在预布防状态下可以直接按"布防"键撤防。

（3）撤防密码更改。常按"设置"键进入设置状态，"短信"灯闪烁，按"布防"键进入撤防密码修改状态，此时"求助"灯快闪（亮多灭少）。输入原密码后按"开锁"键，若密码输入正确，则听到两声短音提示；输入新密码，按"开锁"键后听到两声短音提示，再次输入新密码。若两次输入的新密码一致，按"开锁"键则听到一声长音提示密码修改成功，启用新的撤防密码；若两次输入的新密码不一致，按"开锁"键则听到快节奏的声音提示错误，密码为原密码。

在进入设置状态后，长按"开锁"键退出设置状态。

> ⚠ **注意**：
> ① 密码由"1"~"5"五个数字键构成（设置：1；监视：2；中心：3；短信：4；布防：5），可以设置 0~6 位。
> ② 出厂未设置密码。

7）紧急求助

按室内分机的"紧急求助"按钮，求助信号上传到管理中心机，管理中心机报求助警并显示紧急求助的室内分机号，布防灯烁 2 min（不带报警的常亮 2 min）。

8）报警

分机支持火灾探测器、红外探测器、门磁、窗磁、火灾探测器和燃气泄漏探测器的报警。当检测到报警信号，分机向管理中心报告相应警情，相应指示灯点亮 3 min，报警音响 3 min。

红外探测器、门磁探测器、窗磁探测器只在布防状态起作用。分机有两个红外探测器接口和两个门磁接口，一个为立即报警接口，一个为延时报警接口。接在立即报警接口的探测器报警时，分机立即报警。接在延时报警接口的探测器报警时，分机先预警 45 s，然后报警；若预警期间给分机撤防，分机将不报警。

分机的窗磁接口、火灾探测器接口、燃气泄漏探测器接口均为立即报警接口，检测到报警时，求助指示灯闪烁。

4. 多功能室内机的常见故障分析及解决方法

多功能室内机的常见故障分析及解决方法见表 3-9。

表 3-9 多功能室内机的常见故障分析及解决方法

序号	故障现象	故障原因分析	排除方法
1	开机指示灯不亮	电源线未接好	接好电源线
2	无法呼叫或响应呼叫	通信线未接好	接好通信线
		室内分机电路损坏	更换室内分机
3	被呼叫时没有铃声	扬声器损坏	更换室内分机
		处于免扰状态	恢复到正常状态
4	室外主机呼叫室内分机或室内分机监视室外主机时显示屏不亮	显示模组接线未接好	检查显示模组接线
		显示模组电路故障	更换室内分机
		室内分机处于节电模式	系统电源恢复正常,显示屏可以正常显示
5	能够响应呼叫,但通话不正常	音频通道电路损坏	更换室内分机

3.3.2 门前铃的调试与使用

（1）呼叫与通话。按门前铃的"呼叫"键呼叫室内分机,室内分机振铃并显示来访者的图像。住户摘机后,可以与来访者进行通话,通话限时 45 s。

（2）配合室内分机监视门外图像。在摘机状态下按室内分机的"监视"键,通过门前铃监视门外图像,监视限时 45 s。该功能仅 GST-DJ6506/06C 具备。

门前铃的常见故障及解决方法见表 3-10。

表 3-10 门前铃的常见故障分析及解决方法

序号	故障现象	原因分析	排除方法
1	按"呼叫"键时无呼叫信号	门前铃电路损坏	更换门前铃
2	无图像显示	通信线路故障或门前铃损坏	更换门前铃
3	不能进行通话		

3.3.3 室外主机的调试与使用

1. 室外主机的调试

给室外主机上电,若数码管有滚动显示的数字或字母,则说明室外主机工作正常。系统正常使用前应对室内分机地址、室外主机地址进行设置,联网型的还要对联网器地址进行设置。

1) 室外主机状态设置

按"设置"键,进入设置模式状态。设置模式有"F1"~"F12",每按一下"设置"键,设置项切换一次,即按一次"设置"键进入设置模式F1,按两次"设置"键进入设置模式F2,依此类推。室外主机处于设置状态(数码显示屏显示"F1"~"F12")时可按"取消"键或延时自动退出到正常工作状态。

F1~F12的设置见表3-11。

表3-11 室外主机状态设置

模式	设置内容	模式	设置内容
F1	设置住户开门密码	F2	设置室内分机地址
F3	设置室外主机地址	F4	设置联网器地址
F5	修改系统密码	F6	修改公用密码
F7	设置锁控时间	F8	注册IC卡
F9	删除IC卡	F10	恢复IC卡
F11	设置视频及音频	F12	设置短信层间分配器地址范围

注意:
一个单元只有一台室外主机时,室外主机地址设置为1;一个单元安装多个室外主机时,室外地址应按照1~9的顺序进行设置。

2) 室内分机地址设置

按"设置"键,直到数码显示屏显示"F2",按"确认"键,显示"____",正确输入系统密码后显示"S_ON",进入室内分机地址设置状态。此时室内分机摘机等待3 s后可与室外主机通话(或室外主机直接呼叫室内分机,室内分机摘机与室外主机通话),数码显示屏显示室内分机当前的地址。然后按"设置"键,显示"____",按数字键,输入室内分机地址,按"确认"键,显示"LISN",等待室内分机应答。15 s内接到应答闪烁显示新的地址码,否则显示"NRSP",表示室内分机没有响应。2 s后,数码显示屏显示"S_ON",可继续进行分机地址的设置。

注意:
在室内分机地址设置状态下,若不进行按键操作,数码显示屏将始终保持显示"S_ON",不自动退出。连续按下"取消"键则退出室内分机地址的设置状态。

3）室外主机地址设置

按"设置"键，直到数码显示屏显示"F3"，按"确认"键，显示"____"，正确输入系统密码后显示"---_"，输入室外主机新地址（1~9），然后按"确认"键，即可设置新室外主机的地址。

4）联网器楼号和单元号设置

按"设置"键，直到数码显示屏显示"F4"，按"确认"键，显示"____"，正确输入系统密码后，先显示"RDDR"，再显示联网器当前地址（在未接联网器的情况下一直显示"RDDR"），然后按"设置"键，显示"-___"，输入3位楼号，按"确认"键，显示"--__"，输入两位单元号，按"确认"键，显示"LISN"，等待联网器的应答。15 s内接到应答，则显示"SVCC"，否则显示"NRSP"，表示联网器没有响应。2 s后返回至"F4"状态。在矩阵切换器存在的情况下，设置楼号单元号时需配合矩阵切换器学习的操作，即当矩阵切换器处于学习状态时进行楼号单元号的设置，具体操作参照《GST-DJ6708/8/16矩阵切换器安装使用说明书》。

⚠ 注意：

① 在设置楼号时，可以输入字母"A""B""C""D"：按"呼叫"键输入字母"A"；按"密码"键输入字母"B"；按"保安"键输入字母"C"；按"设置"键输入字母"D"。

② 楼号单元号不应设置为：楼号"999"单元号"99"和楼号"999"单元号"88"，这两个号均为系统保留号码。

2. 室外主机的使用

室外主机用于呼叫、密码操作、IC卡操作和开门操作。

1）呼叫

室外主机可以用来呼叫室内分机和管理中心。

（1）室外主机呼叫室内分机。输入门牌号后按"呼叫"键或"确认"键或等待4 s，可呼叫室内分机。

现以呼叫"102"号住户为例来进行说明。输入门牌号"102"后按"呼叫"键或"确认"键或等待4 s，数码显示屏显示"CALL"，等待被呼叫方的应答。接到对方应答后，显示"CHAR"，此时室内分机接通，双方可以进行通话。通话期间，室外主机会显示剩余的通话时间。在呼叫/通话期间室内分机挂机或按下正在通话的室外主机的"取消"键可以退出呼叫或通话状态。如果双方都没有主动发出终止通话命令，室外主机会在呼叫/通话时间到后自动挂断。

（2）室外主机呼叫管理中心。按"保安"键，数码显示屏显示"CALL"，等待管理中心机应答，接收到管理中心机的应答后显示"CHAR"，此时管理中心机接通，双方可以进行通话。室外主机与管理中心之间的通话可由管理中心机中断或在通话时间到后自动挂断。

2）密码操作

室外主机可以设置住户开锁密码，修改公用开门密码和系统密码。

（1）住户开锁密码设置。

按"设置"键，直到数码显示屏显示"F1"，按"确认"键，显示"____"；输入门牌号，按"确认"键，显示"____"；等待输入系统密码或原始开锁密码（无原始开锁密码时只能输入系统密码），按"确认"键；正确输入系统密码或原始开锁密码后，显示"P1"，按任意键或2 s后显示"____"，输入新密码。

按"确认"键，显示"P2"，按任意键或2 s后显示"____"；再次输入新密码，按"确认"键，若两次输入的密码相同，则保存新密码，并且显示"SUCC"，开锁密码设置成功，2 s后显示"F1"；若两次新密码输入不一致则显示"ERR."，并返回至"F1"状态。若原始开锁密码输入不正确则显示"ERR."，并返回至"F1"状态，可重新执行上述操作。

> ⚠ 注意：
> ① 系统正常运行时，同一单元若存在多个室外主机，只需在一台室外主机上设置用户密码。
> ② 门牌号由4位数字组成，用户可以输入1~8 999之间的任意数。
> ③ 如果输入的门牌号大于8 999或为0，均被视为无效号码，显示"ERR."，并有声音提示，2 s后显示"____"，示意重新输入门牌号。
> ④ 开锁密码长度可以为1~4位。
> ⑤ 每个住户只能设置一个开锁密码。
> ⑥ 用户密码初始为无。

（2）公用开门密码修改。

按"设置"键，直到数码显示屏显示"F6"，按"确认"键，显示"____"；正确输入系统密码后显示"P1"，按任意键或2 s后显示"____"；输入新的公用密码，按"确认"键，显示"P2"，按任意键或2 s后显示"____"；再次输入新密码，按"确认"键。若两次输入的新密码相同，则显示"SUCC"，表示公用密码已成功修改；若两次输入的新密码不同则显示"ERR."，表示密码修改失败，退出设置状态，返回至"F5"状态。

（3）系统密码修改。

按"设置"键，直到数码显示屏显示"F5"，按"确认"键，显示"____"；正确输入系统密码后显示"P1"，按任意键或2 s后显示"____"；输入新密码，按"确认"键，显示"P2"，按任意键或2 s后显示"____"；再次输入新密码，按"确认"键。若两次输入的新密码相同，则显示"SUCC"，表示系统密码已成功修改；若两次输入的新密码不同则显示"ERR."，表示密码修改失败，退出设置状态，返回至"F5"状态。

> ⚠ 注意：
> ① 原始系统密码为"200406"，系统密码长度可为1~6位，输入系统密码多于6位时，取前6位有效。更改系统密码时，不要将系统密码更改为"123456"，以免与公用密码发生混淆。
> ② 在通信正常的情况下，在室外主机上可以设置系统的密码，且只需设置一次。

3) IC 卡操作

室外主机可以进行 IC 卡注册和删除。

(1) 注册 IC 卡。

按"设置"键,直到数码显示屏显示"F8",按"确认"键,显示"____";正确输入系统密码后显示"F01",按"设置"键,可以在"F01"~"F04"之间进行选择。

① "F01":注册的卡在小区门口和单元内有效。输入房间号,按"确认"键;输入卡的序号(即卡的编号,允许范围 1~99),按"确认"键后显示"RE6",刷卡注册。

② "F02":注册巡更时开门的卡。输入卡的序号(即巡更人员编号,允许范围 1~99),按"确认"键后显示"RE6",刷卡注册。

③ "F03":注册巡更时不开门的卡。输入卡的序号(即巡更人员编号,允许范围 1~99),按"确认"键后显示"RE6",刷卡注册。

④ "F04":管理员卡注册。输入卡的序号(即管理人员编号,允许范围 1~99)后,"确认"键后显示"RE6",刷卡注册。

> ⚠️ **注意**:
> 注册卡成功提示"嘀嘀"声,注册卡失败提示"嘀嘀嘀"声;当超过 15 s 没有卡注册时,自动退出卡注册状态。

(2) 删除 IC 卡。

按"设置"键,直到数码显示屏显示"F9",按"确认"键,显示"____";正确输入系统密码后显示"F01",按"设置"键,可以在"F01"~"F04"间进行选择。

① "F01":进行刷卡删除。按"确认"键后显示"CARD",进入刷卡删除状态,进行刷卡删除。

② "F02":删除指定用户的指定卡。输入房间号,按"确认"键;输入卡的序号,按"确认"键后显示"DEL",删除成功则提示"嘀嘀"声,然后返回"F02"状态。

a. 删除指定巡更卡:进入"F02"后输入"9968",按"确认"键;输入卡的序号,按"确认"键后显示"DEL",删除成功则提示"嘀嘀"声,然后返回"F02"状态。

b. 删除指定巡更开门卡:进入"F02"后输入"9969",按"确认"键;输入卡的序号,按"确认"键后显示"DEL",删除成功则提示"嘀嘀"声,然后返回"F02"状态。

c. 删除指定管理员卡:进入"F02"后输入"9966",按"确认"键;输入卡的序号,按"确认"键后显示"DEL",删除成功则提示"嘀嘀"声,然后返回"F02"状态。

③ "F03":删除某户所有卡片。输入房间号,按"确认"键后显示"DEL",删除成功则提示"嘀嘀"声,然后返回"F03"状态。

a. 删除所有巡更卡:进入"F03",输入"9968",按"确认"键后显示"DEL",删除成功则提示"嘀嘀"声,然后返回"F03"状态。

b. 删除所有巡更开门卡:进入"F03",输入"9969",按"确认"键后显示"DEL",删除成功则提示"嘀嘀"声,然后返回"F03"状态。

c. 删除所有管理员卡:进入"F03",输入"9966",按"确认"键后显示"DEL",删除成功则提示"嘀嘀"声,然后返回"F03"状态。

④ "F04"：删除本单元所有卡片。按"确认"键，显示"＿＿＿＿"，正确输入系统密码，按"确认"键后显示"DEL"，删除成功则提示急促的"嘀嘀"声 2 s，然后返回"F04"状态。

（3）恢复删除的本单元所有卡。

由于误操作将本单元的所有注册卡片删除后，在没有进行注册和其他删除之前可以恢复原注册卡片，操作方法是：进入设置状态，在显示"F10"时按"确认"键，显示"＿＿＿＿"；正确输入系统密码，按"确认"键后显示"RECO"，3 s 后返回到"F10"，撤销成功则可以听到提示"嘀嘀"声。

4）开门操作

室外主机可以使用住户密码开门、胁迫密码开门、公用密码开门和 IC 卡开门。

（1）住户密码开门。

输入"门牌号"，按"密码"键；输入开锁密码，按"确认"键。若开锁密码输入正确，数码显示屏显示"OPEN"并有声音提示；若开锁密码输入错误则显示"＿＿＿＿"，示意重新输入。密码连续 3 次输入不正确时，自动呼叫管理中心，显示"CALL"。输入密码多于 4 位时，取前 4 位有效。按"取消"键可以清除刚刚输入的数字，在显示"＿＿＿＿"时再次按"取消"键，则退出操作。

（2）胁迫密码开门。

若住户密码开门时输入的密码末位数加 1（如果末位为 9，加 1 后为 0，不进位），则作为胁迫密码进入如下处理：①与正常开门时的情形相同，门被打开；②有声音及显示给予提示；③向管理中心发出胁迫报警。

（3）公用密码开门。

按"密码"键，输入公用密码后按"确认"键。系统默认的公用密码为"123456"。门打开时，数码显示屏显示"OPEN"并伴有声音提示。如果密码连续 3 次输入不正确，自动呼叫管理中心并显示"CALL"。

（4）IC 卡开门。

将 IC 卡放到读卡窗感应区内，听到"嘀"的一声后即可开门。

⚠ 注意：

住户卡开单元门时，室外主机会对该住户的室内分机发送撤防命令。

5）其他设置

（1）锁控时间设置。

按"设置"键，直到数码显示屏显示"F7"，按"确认"键，显示"＿＿＿＿"；正确输入系统密码后显示"－－＿＿"，输入要设置的锁控时间（单位：s），按"确认"键。设置成功则显示"SUCC"；设置失败则显示"ERR."，3 s 后返回"F7"。出厂默认锁控时间为 3 s。

（2）摄像头预热开关设置。

按"设置"键，直到数码显示屏显示"F11"，按"确认"键，显示"＿＿＿＿"；正确输入系统密码后显示"F01"，按"确认"键，进入"F01"状态，数码管显示当前室外主机摄像头；预热开关的状态设置为"U_ON"或"UOFF"，按"设置"键在开、关状态间切换，按"确认"键存储当前设置，设置成功后显示"SUCC"，返回"F11"状态。出厂默认设置为"关"状态。

(3) 音频静噪设置。

按"设置"键,直到数码显示屏显示"F11",按"确认"键,显示"____";正确输入系统密码后显示"F01",按"设置"键切换到"F02";按"确认"键进入"F02"状态,数码管显示当前静噪设置的状态"R_ON"或"ROFF";按"设置"键在开、关状态间切换,按"确认"键存储当前设置,设置成功后显示"SUCC",返回"F11"状态。出厂默认设置为"开"状态。

(4) 节电模式设置。

按"设置"键,直到数码显示屏显示"F11",按"确认"键,显示"____";正确输入系统密码后显示"F01",按两次"设置"键切换到"F03";按"确认"键进入"F03"状态,数码管显示当前节电模式的设置状态"P_ON"或"POFF",按"设置"键在开、关状态间切换,按"确认"键存储当前设置,设置成功后显示"SUCC",返回"F11"状态。出厂默认设置为"关"状态。

(5) 恢复系统密码。

使用过程中系统的密码丢失会造成某些设置操作无法进行,此时需要提供一种恢复系统密码方法。按住"8"键后,给室外主机重新加电,直至显示"SUCC",表明系统密码已恢复成功。

(6) 恢复出厂设置。

按住"设置"键,给室外主机重新加电,直至显示"BUSY",松开按键,等待显示消失,恢复出厂设置。

出厂设置的恢复包括恢复系统密码、删除用户开门密码、恢复室外主机的默认地址(默认地址为1)等,使用应慎重。

(7) 防拆报警功能。

室外主机在通电期间被非正常拆卸时,会向管理中心机发送防拆报警。

室外主机的常见故障分析与排除方法见表3-12。

表3-12 室外主机的常见故障分析与排除方法

序号	故障现象	原因分析	排除方法
1	住户看不到视频图像	视频线没有接好	重新接线,将视频输入和视频输出线交换
2	住户听不到声音	音频线没有接好	重新接线,将音频输入和音频输出线交换
3	按键时LED不亮,没有按键音	无电源输入	检查电源接线
4	刷卡不能开锁或不能巡更	卡没有注册或注册信息丢失	重新注册
5	室内分机无法监视室外主机	室外主机地址不为1	重新设定室外主机分机地址,使其为1
6	室外主机一上电就发出防拆报警	防拆开关没有压住	重新安装室外主机

3.3.4 管理中心机的调试与使用

1. 管理中心机的调试

管理中心机在使用前需要进行自检、地址设置和联调。

1) 自检

正确连接电源、CAN总线和音视频信号线，按"确认"键上电，进入自检程序。此时，电源指示灯应点亮，液晶屏显示"系统自检"，按"确认"键系统进入自检状态，按其他任意键退出自检。

(1) SRAM和EEPROM的检测。

首先进行SRAM和EEPROM的检验，如果SRAM或EEPROM有错误，液晶屏则显示错误信息"SRAM错误"或"EEPROM错误"。

(2) 键盘检测。

SRAM和EEPROM检测通过则进入键盘检测。依次按"0"~"9"键、"清除"键、"确认"键以及"呼叫"键、"开锁"键等功能键，显示屏显示输入键值，例如，按"0"键时液晶屏显示"键盘检测"。

(3) 声音检测。

键盘检测通过后，按"设置"键，然后按"0"键，进入报警声音及振铃音检验，液晶屏显示"声音检测"并播放警车声，按任意键播放下一种声音，播放顺序为：①急促的"嘀嘀"声；②消防车声；③救护车声；④振铃声；⑤回铃声；⑥忙音。

(4) 视频检测。

播放忙音时按任意键进入音视频检测，液晶屏显示"音视频检测"；图像监视器被点亮，按"清除"键进入指示灯检测，最左边的指示灯点亮，此时液晶屏显示"指示灯检测"；按任意键熄灭当前点亮的指示灯，点亮下一个指示灯，如此重复直到最右边的指示灯点亮，此时按任意键进入液晶对比度调节部分的检测，液晶屏显示"＿＿＿"。

按"◀"和"▶"键调节液晶屏的对比度，按"◀"键减小对比度，按"▶"键增大对比度，将对比度调节到合适的位置；按"确认"或"清除"键退出检测。

退出检测程序后，按任意键，背光灯点亮。如果上述所有检测都通过，说明此管理机基本功能良好。

> ⚠ **注意：**
> 自检过程中若在30 s内没有按键操作则自动退出自检状态。

2) 设置管理中心机的地址

系统正常使用前需要设置系统内设备的地址。

GST-DJ6000最多可以支持9台管理中心机，地址为1~9。如果系统中有多台管理中心机，管理中心机应该设置不同地址，地址从1开始连续设置，具体设置方法如下：

(1) 在待机状态下按"设置"键，进入系统设置菜单，按"◀"或"▶"键选择"设置地址?"菜单，液晶屏显示"系统设置"；

（2）按"确认"键，液晶屏显示"请输入系统密码："；输入正确的系统密码，液晶屏显示"设置地址："；

（3）按"确认"键进入管理中心机地址设置，液晶屏显示"请输入地址："；

（4）输入需要设置的地址值并按"确认"键，管理中心机存储地址，恢复音视频网络连接模式为手拉手模式，设置完成退出地址设置菜单。

若系统密码输入错误3次则退出地址设置菜单。

> ⚠ **注意：**
> 管理中心机出厂时默认系统密码为"1234"；管理中心机出厂地址设置为"1"。

3）联调

完成系统的配置以后可以进行系统的联调。

摘机，输入楼号，按"确认"键；输入单元号，按"确认"键；输入"950X"，按"呼叫"键，呼叫指定单元的室外主机，与该机进行可视对讲。

如果能够接通音视频，且图像和语音清晰，则表示系统正常，调试通过。如果不能很快接通音视频，管理中心机发出回铃音，液晶屏显示"XXX–YY–950X："，等待一定时间后，液晶屏显示"通讯错误"此时表示CAN总线通信不正常，需要检查CAN通信线的连接情况和通信线的末端是否并接终端电阻；液晶屏显示"XXX–YY–950X："时看不到图像、听不到声音或者既看不到图像也听不到声音，说明CAN总线通信正常，音视频信号不正常，需要检查音视频信号线连接是否正确。

> **说明：** GST–DJ6406/08 的监视图像为黑白，GST–DJ6406C/08C 的监视图像为彩色，GST–DJ6405/07 只有监听功能，不能监视到图像。

2. 管理中心机的使用及操作

系统设置采用菜单逐级展开的方式，主要包括密码管理、日期和时间设置、对比度调节、自动监视设置、人机接口界面语言设置等。在待机状态下，按"设置"键进入系统设置菜单。

菜单的显示操作采用统一的模式，显示屏的第1行显示主菜单名称，第2行显示子菜单名称，按"◄"或"►"键在同级菜单间进行切换；按"确认"键选中当前的菜单，进入下一级菜单；按"清除"键返回上一级菜单。

当有光标显示时，提示可以输入字符或数字。字符和数字的输入采用覆盖方式，不支持插入方式。在字符或数字的输入过程中，按"◄"或"►"键可以左移或右移光标的位置，每按下一次移动一位。当光标不在首位时，"清除"键做退格键使用；当光标处在首位时，按"清除"键不存储输入数据。在输入过程的任何时候按"确认"键，退出存储输入内容。

1）密码管理

管理中心机设置两级操作权限，系统操作员可以进行所有操作，普通管理员只能进行日常操作。一台管理中心机只能有一个系统操作员，最多可以有99个普通管理员；一台管理中心机可以设置一个系统密码，最多可以设置99个管理员密码。设置多组管理员密码的目的是针对不同的管理员分配不同的密码，从而在运行记录里详细记录值班管理人员所进行的操作，便于分清责任。

普通管理员可以由系统操作员进行添加和删除：输入管理员号，按"确认"键；输入密码，按"确认"键。系统密码输入错误3次时退出系统。

注意：

① 系统密码是长度为4~6位的任意数字组合，出厂时默认系统密码为"1234"。

② 管理员密码由管理员号和密码两部分构成，管理员号可以是1~99，密码是长度为0~6位的任意数字组合。

（1）增加管理员。

在待机状态下按"设置"键，进入系统设置菜单；按"◀"或"▶"键选择"密码管理?"菜单，液晶屏显示"系统设置"；按"确认"键进入密码管理菜单，按"◀"或"▶"键选择"增加管理员?"菜单，液晶屏显示"密码管理"；按"确认"键提示输入系统密码，液晶屏显示"请输入密码"，若密码正确，液晶屏显示"请输入管理员号#"；输入管理员号，按"确认"键；输入密码，按"确认"键。

例如，需要增加1号管理员，密码为"123"，则输入"1"，按"确认"键，再输入"1""2""3"，按"确认"。此时，管理中心机要求进行再次输入确认，液晶屏显示"请再输入一次："；如果两次输入不同，则要求重新输入；如果两次输入完全相同，则保存设置。

（2）删除管理员。

在待机状态下按"设置"键，进入系统设置菜单；按"◀"或"▶"键选择"密码管理?"菜单，液晶屏显示"系统设置"；按"确认"键进入密码管理菜单，按"◀"或"▶"键选择"删除管理员?"菜单，液晶屏显示"密码管理："；按"确认"键，输入系统密码，液晶屏显示"请输入系统密码："；正确输入密码后，输入需要删除的管理员号，按"确认"键，系统提示确认删除操作；按"确认"键完成管理员删除操作。

例如，删除5号管理员应该输入"5"，液晶屏显示"请输入管理员号："；按"确认"键，液晶屏提示确认删除的管理员号；确认删除5号管理员，液晶屏显示"删除05管理员："；按"确认"键，完成5号管理员的删除操作。

（3）修改系统密码或管理员密码。

在待机状态下按"设置"键，进入系统设置菜单；按"◀"或"▶"键选择"密码管理?"菜单，液晶屏显示"系统设置："；按"确认"键进入密码管理菜单，按"◀"或"▶"键选择"修改密码?"菜单，液晶屏显示"密码管理："；按"确认"键，液晶屏每隔2s循环显示"请输入系统密码"和"或管理员#密码"，液晶屏显示"请输入系统密码"和"或管理员#密码："；输入原系统密码或管理员密码，按"确认"键，系统要求输入新密码，液晶屏显示"请输入管理员号："和"管理员新密码："；按"确认"键，再次输入密码并确认输入无误，液晶屏显示"请再输入一次："；按"确认"键，若两次输入不同，则要求重新输入，若两次输入完全相同，则保存设置，设置完成，新密码生效。

2）日期和时间设置

管理中心机的日期和时间在每次重新上电后要进行校准，在以后的使用过程中也应该进行定期校准。

（1）设置日期。

在待机状态下按"设置"键，进入系统设置菜单；按"◀"或"▶"键，选择"设置日期时间？"菜单，液晶屏显示"系统设置："；按"确认"键进入设置日期时间菜单，按"◄"或"►"键选择"设置日期？"菜单，液晶屏显示"设置日期时间："；按"确认"键，输入系统密码或管理员密码，液晶屏显示"请输入系统密码"；若密码输入正确，则进入日期设置菜单，液晶屏显示"＿＿＿＿"；输入正确的日期，按"确认"键，进入星期修改菜单，液晶屏显示"＿＿＿＿"；星期修改时，输入"0"表示星期天，"1"~"6"表示星期一至星期六；修改完成后，按"确认"键则存储修改后的星期，按"清除"键则不修改，退出日期设置。

（2）设置时间。

在待机状态下按"设置"键，进入系统设置菜单；按"◄"或"►"键选择"设置日期时间？"菜单，液晶屏显示"系统设置"；按"确认"键进入设置日期时间菜单，按"◄"或"►"键选择"设置时间？"菜单，液晶屏显示"设置日期时间"；按"确认"键，输入系统密码或管理员密码，液晶屏显示"请输入系统密码"；若密码输入正确，则进入时间设置菜单，输入正确时间，液晶屏显示"＿＿＿＿"；修改完成后，按"确认"键则存储修改后时间，按"清除"键则不修改，退出时间设置。

3）对比度调节

管理中心机的液晶显示屏明亮对比度采用数字控制，可以利用程序进行调节。

在待机状态下按"设置"键，进入系统设置菜单；按"◄"或"►"键，选择"调节对比度？"菜单，液晶屏显示"系统设置："；按"确认"键进入对比度调节菜单，按"◄"或"►"键调节对比度，按"◄"键减小液晶对比度，按"►"键增大液晶对比度，液晶屏显示"＿＿＿＿"；调节好后按"确认"或"清除"键退出对比度调节菜单。

4）自动监视设置

管理中心机可以自动循环监视单元门口，每个门口监视30 s。自动监视前需要设置起始楼号、终止楼号、每栋楼最大单元数和每单元最大门口数等参数。

（1）起始楼号指需要自动监视的第1栋楼，为"0"时从小区门口机开始。在待机状态下按"设置"键，进入系统设置菜单；按"◄"或"►"键选择"设置自动监视？"菜单，液晶屏显示"系统设置"；按"确认"键进入自动监视参数设置菜单，按"◄"或"►"键选择"起始楼号？"菜单，液晶屏显示"设置自动监视"；按"确认"键提示输入起始楼号，液晶屏显示"＿＿＿＿"；输入楼号，按"确认"键存储起始楼号并退出，完成设置。

（2）终止楼号指需要自动监视的最后一栋楼。在待机状态下进入"设置自动监视"菜单，按"◄"或"►"键选择"终止楼号？"菜单，液晶屏显示"设置自动监视"；按"确认"键提示输入终止楼号，液晶屏显示"＿＿＿＿"；输入楼号，按"确认"键存储终止楼号并退出，完成设置。

（3）每楼单元数指需要自动监视的所有楼中的最大单元数。在待机状态下进入自动监视参数设置菜单，按"◄"或"►"键选择"每楼单元数？"菜单，液晶屏显示"设置自动监视"；按"确认"键提示输入最大单元数，此时液晶屏显示"＿＿＿＿"；输入最大单元数，按"确认"键存储最大单元数并退出，完成设置。

（4）每单元门数指需要自动监视的所有楼中一单元的最大门数。在待机状态下进入自动监视参数设置菜单，按"◄"或"►"键选择"每单元门数？"菜单，此时液晶屏显示

"设置自动监视";按"确认"键提示输入最大门数,液晶屏显示"_____";输入所有楼中一单元的最大门数,按"确认"键存储并退出,完成设置。

5)人机接口界面语言设置

管理中心机支持中文和英文显示界面,进入语言设置菜单,选中相应的语言,按"确认"键完成设置。

3. 正常显示(待机状态)

管理中心机在待机情况下,显示屏的上行显示日期,下行显示星期和时间。在没有通话的情况下,手柄摘机时间超过 30 s,管理中心机提示手柄没有挂好,并伴有"嘀嘀"的提示音,液晶屏显示"手柄没有挂好"。

4. 呼叫

1)呼叫单元住户

呼叫指定房间:在待机状态摘机并输入楼号,按"确认"键;输入单元号,按"确认"键;输入房间号,按"呼叫"键。房间号最多为 4 位,首位的 0 可以省略不输入,如 502 房间可以输入"502"或"0502";房间号"950X"表示呼叫该单元"X"号的室外主机。挂机则结束通话,通话时间超过 45 s,系统自动挂断。

在通话过程中有呼叫请求进入时,管理机发出"叮咚"的提示音,闪烁显示呼入号码,用户可以按"通话"键、"确认"键或"清除"键挂断当前的通话,接听新的呼叫。

2)回呼

管理中心机最多可以存储 32 条被呼叫记录。在待机状态按"通话"键,进入被呼叫记录查询状态,按"◀"或"▶"键可以逐条查看记录信息,在此过程中按"呼叫"键或者"确认"键回呼当前记录的号码。在查看记录的过程中可以直接呼叫指定的房间:按数字键,输入楼号,按"确认"键;输入单元号,按"确认";输入房间号,按"呼叫"键。

3)接听呼叫

听到振铃声后,摘机与小区门口、室外主机或室内分机进行通话,其中与小区门口或室外主机通话过程中按"开锁"键可以打开相应的门,挂机结束通话。

在通话过程中有呼叫请求进入时,管理机发出"叮咚"的提示音,闪烁显示呼入号码,用户可以按"通话"键、"确认"键或"清除"键挂断当前通话,接听新的呼叫。

5. 监视与监听

1)手动监视、监听

监视指定单元门口的情况:在待机状态下输入楼号,按"确认"键;输入单元号,按"确认"键;输入门号,按"监视"键。监视、监听结束后按"清除"键挂断,监视、监听时间超过 30 s 自动挂断。

监视、监听相应门口的情况:输入楼号,按"确认"键;输入单元号,按"确认"键;输入"950X",按"监视"键。

⚠ **注意：**

GST-DJ6405/07 只有监听功能。

2）自动监视、监听

在"设置"菜单中设置好自动监视、监听参数，在待机状态下按"监视"键，管理中心机可以轮流监视、监听小区门和各单元门口。监视、监听按照楼号从小到大、先小区后单元的顺序进行，每个门口约 30 s。在监视、监听的过程中，按"监视"或"▶"键监视、监听下一个门口；按"◀"键监视、监听上一个门口；按"确认"键回到第一个小区门口；按"清除"键退出自动监视、监听状态；按"其他"键暂时退出自动监视、监听状态，执行相应的操作，操作完成后返回自动监视、监听状态，重新从第 1 个小区门口开始监视。

6. 开单元门

下列两种方法均可以打开指定的单元门：

（1）在待机状态下按"开锁"键；输入管理员号"1"，按"确认"键；输入管理员密码"123"和楼号，按"确认"键；输入单元号"9501"，按"确认"键或"开锁"键。

（2）输入系统密码，按"确认"键；输入楼号，按"确认"键；输入单元号"9501"，按"确认"键。

7. 报警提示

在待机状态下，室外主机或室内分机若采集到传感器的异常信号，则广播发送报警信息，管理中心机接到报警信号后立即显示报警信息。报警显示时显示屏上行显示报警序号和报警种类，序号按照报警发生时间的先后排序，即 1 号警情为最晚发生的报警；下行循环显示报警的房间号和警情发生的时间。当有多个警情发生时，各个报警轮流显示，每个报警显示大约 5 s。例如，2 号楼 1 单元 503 房间 2 月 24 号 11:30 分发生火灾报警，紧接着 11:40 分 2 号楼 1 单元 502 房间也发生火灾报警，则液晶屏显示"01. 火灾报警""02. 火灾报警""02 门磁报警"。

报警显示的同时伴有声音提示。不同的报警对应不同的声音提示：火警为消防车声；匪警为警车声；求助为救护车声；燃气泄漏为急促的"嘀嘀"声。

在报警过程中按任意键可以取消声音提示，按"◀"或"▶"键可以手动浏览报警信息。摘机，按"呼叫"键；输入管理员号，按"确认"键；输入操作密码或系统密码，按"确认"键。若密码正确，则清除报警显示，呼叫报警房间，通话结束后清除当前报警；若密码输入错误 3 次，则返回报警显示状态。

按"呼叫"键的任意一个键，输入管理员号，按"确认"键；输入操作密码或系统密码，按"确认"键进入报警复位菜单，液晶屏显示"请输入系统密码"；正确输入系统密码则进入报警显示清除菜单，液晶屏显示"报警复位"。

按"◀"或"▶"键可以在菜单"清除当前报警？"和"清除全部报警？"之间切换，以选择要进行的操作，按"确认"键执行指定操作。例如，清除当前报警可以选择"清除当前报警？"菜单，按"确认"键，液晶屏显示"报警复位"。

8. 故障提示

在待机状态下，室外主机或室内分机发生故障时，通信控制器广播发送故障信息，管理中心机接到故障信号后立即显示故障提示的信息。显示屏上行显示故障的序号和故障类型，序号按照故障发生时间的先后排序，即1号故障为最晚发生的故障；下行循环显示故障模块的楼号、单元号、房间号和故障发生的时间。当有多个故障发生时，各个故障轮流显示，每个故障显示大约5 s。例如，2号楼1单元室外主机在2月24日15:40分发生故障，不能正常通信，则液晶屏显示"01通讯故障"；故障显示的同时伴有声音提示，声音为急促的"嘀嘀"声。

在故障显示过程中按任意键可以取消声音提示，按"◀"或"▶"键可以手动浏览故障信息。按其他任意一个键，输入管理员号，按"确认"键；输入操作密码或系统密码，按"确认"键，如果密码正确，则清除故障显示；如果密码输入错误3次，则返回故障显示状态。

9. 巡更打卡提示

在待机状态下，管理中心机接到巡更员打卡信息，显示巡更打卡信息。巡更显示时显示屏上行显示巡更人员的编号，下行显示当前巡更到的楼号、单元号、门号和刷卡时间。例如，2号巡更员于23:15分巡更1楼1单元2门，则显示巡更提示信息，液晶屏显示"002号巡更员巡更"。在巡更提示过程中按任意键退出巡更提示状态，若时间超过1 min，则自动退出巡更状态。

10. 历史记录查询

历史记录查询和系统设置类似，也是采用菜单逐级展开的方式，包括报警记录、开门记录、巡更记录、运行记录、故障记录、呼入记录和呼出记录等子菜单。在待机状态下，按"查询"键进入"历史记录查询"菜单。

1) 查询报警记录

管理中心机最多可以存储99条历史报警记录，存储采用循环覆盖的方式，不能人为删除，存储的报警信息主要包括报警类型、报警房间和报警时间。每条报警信息分两屏显示，第1屏显示报警类型和报警房间号，第2屏显示报警类型和报警时间。例如，现在有两条报警记录，第1条是2号楼1单元502房间2月24号的11:30分发生火灾报警，第2条是1号楼2单元503房间2月20日11:40分门磁报警，则查询时液晶屏显示"01火灾报警""02门磁报警"。

查询报警记录操作方法为：在待机状态下按"查询"键，进入"查询历史记录"菜单，按"◀"或"▶"键选择"查询报警记录?"菜单，液晶屏显示"查询历史记录："；按"确认"键进入"报警记录查询"菜单，按"◀"或"▶"键选择查看报警记录信息，按"▶"键查看下一屏信息，按"◀"键查看上一屏信息，按"清除"键退出。

2) 查询开门记录

管理中心机最多可以存储99条历史开门记录，开门记录的存储采用循环覆盖的方式，不能人为删除，存储的信息主要包括楼号、单元号、开门类型和开门时间，开门类型主要包括住户密码开门、公共密码开门、管理中心开门、室内分机开门、IC 卡开门和胁迫开门等。每条开门信息分两屏显示，第 1 屏显示楼号、单元号和开门类型，第 2 屏显示楼号、单元号和开门时间。例如，现在有两条开门记录，第 1 条是 2 号楼 1 单元 502 房间住户于 2 月 24 号的 11:30 分使用密码打开 2 号楼 1 单元的门，第 2 条是 1 号管理员在管理中心于 2 月 20 日 11:40 分打开 1 号楼 2 单元的门，则查询时液晶屏显示 "01.02#01 - 00" "02.02#01 - 00"。

查询开门记录的操作方法与查询报警记录的方法类似。

3) 查询巡更记录

管理中心机最多可以存储 99 条历史巡更记录，巡更记录的存储采用循环覆盖的存储方式，不能人为删除，存储的信息主要包括巡更地点、巡更员编号和巡更时间（月、日、时、分）。每条巡更记录分两屏显示，第 1 屏显示巡更地点和巡更员编号，第 2 屏显示巡更地点和巡更时间。例如，2 号巡更员于 2 月 24 日 15:40 分巡更 3 号楼 2 单元 1 门，则查询时液晶屏显示 "01.003#02 - 01　002 号巡更员" "01.003#02 - 01　02 - 24　15:40"。

查询巡更记录的操作方法与查询报警记录的方法相类似。

4) 查询运行记录

管理中心机最多可以存储 99 条历史运行记录，运行记录的存储采用循环覆盖的存储方式，不能人为删除，存储的信息主要包括事件类型、实施操作的管理员号和事件发生的时间，事件类型主要包括报警复位、故障复位、增加管理员、删除管理员、修改密码、日期设置、时间设置、设置地址、配置矩阵和开单元门等。每条运行记录分两屏显示，第 1 屏显示事件类型和操作人员号码，第 2 屏显示事件类型和事件发生时间。例如，现在有两条运行记录，第 1 条是 2 号管理员于 2 月 24 号 11:30 分执行了报警复位操作，第 2 条是系统管理员于 2 月 20 日 11:40 分打开了 1 号楼 2 单元的门，则查询时液晶屏显示 "01. 报警复位　02 号管理员" "01. 报警复位　02 - 24　11:30" "02. 开单元门　系统管理员" "02. 开单元门　02 - 20　11:40"。

查询运行记录的操作方法与查询报警记录的方法相类似。

5) 查询故障记录

管理中心机最多可以存储 99 条历史故障记录，故障记录的存储采用循环覆盖的方式，不能人为删除，存储的信息主要包括故障类型、故障地点和故障发生时间。每条故障记录分两屏显示，第 1 屏显示故障类型和故障地点，第 2 屏显示故障类型和故障发生时间。例如，2 号楼 1 单元室外主机在 2 月 24 日 15:40 分发生故障，不能正常通信，则查询时液晶屏显示 "01. 通讯故障　02#01#9501" "01. 通讯故障　02 - 24　15:40"。

查询故障记录的操作方法与查询报警记录的方法类似。

6) 查询呼入记录

管理中心机可以存储 32 条呼入记录，操作参阅呼叫的说明。

7) 查询呼出记录

管理中心机可以存储 32 条主呼记录，操作请参阅呼叫的说明。

管理中心机的常见故障分析与排除方法见表3-13。

表3-13 管理中心机的常见故障分析与排除方法

序号	故障现象	故障原因分析	故障排除方法
1	液晶无显示,且电源指示灯不发光	电源电缆连接不良	检查连接电缆
		电源损坏	更换电源
2	电源指示灯发光,液晶无显示或黑屏	液晶对比度调节不合适	调节对比度
		液晶电缆接触不良	检查连接电缆
3	呼叫时显示通信错误	通信线接反或没接好	检查通信线连接
		终端没有并终端电阻	接好终端电阻
4	显示接通呼叫,但听不到对方声音	音频线接反或没接好	检查音频线连接
		矩阵没有配置或配置不正确	检查矩阵配置,重新配置矩阵
5	显示接通呼叫,但监视器没有显示	视频线接反或没有接好	检查视频线连接
		矩阵切换器没有配置或配置不正确	检查网络拓扑结构设置和矩阵配置,重新配置矩阵
6	音频接通后自激啸叫	扬声器音量调节过大	将扬声器音量调节到合适位置
		麦克输出过大	打开后壳,调节麦克电位器(XP2)到合适位置
		自激调节电位器调节不合适	打开后壳,调节自激电位器(XP1)到合适位置
7	常鸣按键音	键帽和面板之间进入杂物导致死键	清除杂物

注:调节对比度时,上电后等5 s,然后按"设置"键和"确认"键,增大对比度,或者按"设置"键和"清除"键减小对比度。

3.3.5 智能监控上位机软件的安装与使用

将通信线的一端连接K7110通信转换模块,另一端连接计算机的串口COM1,然后给系统上电。

1. 启动软件

在"开始"菜单中选择"程序/可视对讲应用系统"命令,打开"可视对讲应用系统"应用软件,启动用户登录界面。

在软件系统运行后,可以看到启动界面,然后显示系统登录界面,首次登录的用户名和密码均为系统默认值(用户名:1;密码:1),以系统管理员身份登录,"系统登录"对话框如图3-24所示。

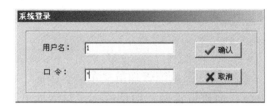

图 3-24 "系统登录"对话框

登录后进入值班员的设置界面,可以添加、删除用户及更改密码,并保存到数据库中,下一次登录即可按照设定的用户登录。

本系统可以设置 3 个级别的用户:系统管理员、一般管理员和一般操作员。系统管理员能够操作软件的所有功能,用于系统安装调试;一般管理员除了系统设置部分的功能不能使用外,大部分的功能都可以使用;一般操作员不可以对用户管理和系统设置功能进行操作。

用户登录成功后进入系统主界面,如图 3-25 所示。

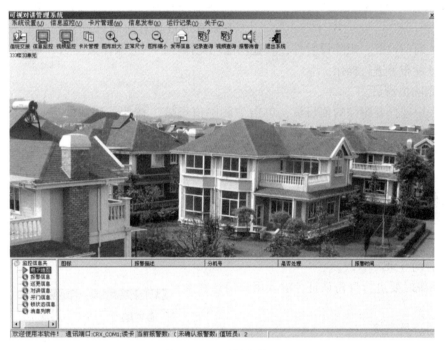

图 3-25 系统主界面

主界面分为电子地图监控区和信息显示区,电子地图监控区包括楼盘添加、配置和保存,信息显示区包括当前报警信息、最新监控信息和当前信息列表。

监控信息的内容包括监控信息的位置描述、信息产生的时间及信息的确认状态,系统可自动生成监控信息夹,其内容包括电子地图、报警信息、巡更信息、对讲信息、开门信息、锁状态信息和消息列表等。

用户登录系统后,登录的用户就是值班人。

2. 系统配置

1）值班员管理

第1次运行该系统时，系统默认以系统管理员登录。登录后，在主菜单中选择"系统设置/值班员设置"命令，进行"值班员管理"对话框，该对话框可以用来添加值班员、删除值班员和更改值班员的密码，如图3-26所示。密码的合法字符有：0~9、a~z，以及查看值班员的级别，系统会在值班员管理界面的标题上显示选中值班员的级别和名称。

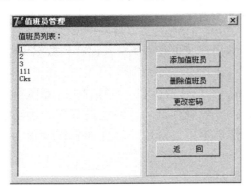

图3-26 "值班员管理"对话框

（1）添加值班员。

单击"添加值班员"按钮，输入用户名、密码及选择级别权限，单击"确认"按钮即可。用户名的长度最多为20个字符或10个汉字，密码的长度最多为10个字符。权限分为3级，分别是系统管理员、一般管理员和一般操作员：系统管理员具有对软件操作的所有权限；一般管理员除了通信设置、矩阵设置外，其他功能均能操作；一般操作员不能对系统设置、卡片管理和信息发布等进行操作。

（2）删除值班员。

在列表中选择要删除的值班员，单击"删除值班员"按钮，确认即可。注意不能删除当前登录的用户及最后一名系统管理员。

（3）更改密码。

在列表中选择要更改密码的值班员，单击"更改密码"按钮，输入原密码及新密码，新密码要输入两次。

2）用户登录

用户登录有启动登录和值班员交接两种情况。

（1）启动登录。

启动系统时要进行身份认证，输入用户信息登录系统。

（2）值班员交接。

若系统已经运行，由于操作人员的更换或一般操作员的权利不足需要更换为系统管理员，则需要重新登录。单击快捷栏中的"值班员交接"按钮可以不必重新启动系统，避免造成数据丢失和操作不便。登录界面如图3-27所示。

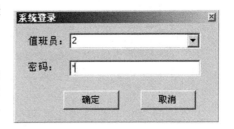

图3-27 值班员交接登录对话框

3）通信设置

要实现数据接收（报警、巡更、对讲、开门等信息的监控）和发送（卡片的下载等），就必须正确配置CAN/RS232通信模块和发卡器的参数。在系统设置菜单下中选择"通讯设置"

命令，弹出"通讯设置"对话框，如图 3-28 所示。

"通讯设置"对话框用来完成系统参数配置、CAN 通信模块配置和发卡器串口配置。

（1）系统参数配置。

报警接收间隔时间：当有同一个报警连续发生时，系统软件经过设定的时间再次对报警信息进行处理。

单元门定时刷新时间：经过设定的时间查询单元门的状态（目前硬件不支持该功能）。

（2）CAN 通信模块配置。

CAN 通信模块配置用于完成计算机串口选择，对计算机串口的初始化和 CAN 通信模块的配置（CAN 的 RS232 的设置和 CAN 的比特率配置）。在"配置端口参数栏"选择要设置的串口和 CAN 端口的波特率，单击"端口设置"按钮，完成 CAN 通信模块的参数配置。

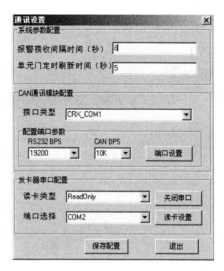

图 3-28 "通讯设置"对话框

（3）发卡器串口配置。

发卡器串口配置用于设置发卡器的读卡类型和端口。发卡器的比特率默认为 9 600 bit/s。读卡类型有 ReadOnly 和 Mifare_1，ReadOnly 为只读感应式 ID 卡，Mifare 1 为可擦写感应式 IC 卡；端口包括 COM1、COM2。

⚠️ 注意：

① CAN 通信模块的信息配置完成时是原来的配置参数，要使用新的配置信息必须给 CAN 通信模块断电后再加电。

② 发卡器和 CAN 通信模块采用不同的串口，如果设置为同一个串口，将会出现串口占用冲突，此时应关闭读卡器占用的串口，重新设置 CAN 通信模块的串口。当发卡器设置新的读卡类型时，请重新选择类型和端口再设置。

4）楼盘配置

楼盘配置主要用于批量添加楼号、单元及房间的节点，在监控界面形成电子地图。在监控界面右击，在弹出的快捷菜单中选择"批量添加节点"命令，弹出"批量添加节点"对话框，如图 3-29 所示。

根据需要填入相应的对象数、起始编号及位数，单击"确定"按钮，产生需要的楼号、单元号、楼层号及房间号。对象数是每级对象产生的数目，如第 1 级（楼）：对象数为 3，起始编号为 5，位数为 3，则产生的楼号为 005、006、007；其余同理。如果勾选"同层所有单元顺序排号"复选框则产生的房间号在同一栋楼里不同单元同一层是按顺序排号的。

产生的楼号在电子地图中放置在左上角，右击后在弹出的快捷菜单中选择"楼盘配置选项"命令，可以移动楼号的位置到适当的位置；右击后在弹出的快捷菜单中选择"保存楼盘配置"命令即可保存楼号的位置并自动退出楼盘配置。

5) 背景图设置

在"系统设置"菜单中选择"背景图设置"命令,弹出"背景设置"对话框,如图3-30所示。通过该对话框可以选择不同的监控背景图。背景图可以由绘图软件绘制,可以是BMP、JPEG、PNG、WMF等格式,像素至少为800×600。

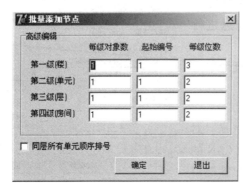

图3-29 "批量添加节点"对话框

图3-30 "背景设置"对话框

6) 退出系统

在"系统设置"菜单中选择"退出系统"命令或在快捷栏单击"退出系统"按钮,均可退出可视对讲应用系统软件,退出时应输入值班员的用户名和密码。

3. 卡片管理

系统配置完成后需要注册卡片,以便在卡片管理界面中为人员分配卡片,在主菜单中选择"卡片管理"命令或在快捷栏上单击"卡片管理"按钮,进入卡片管理界面,如图3-31所示。

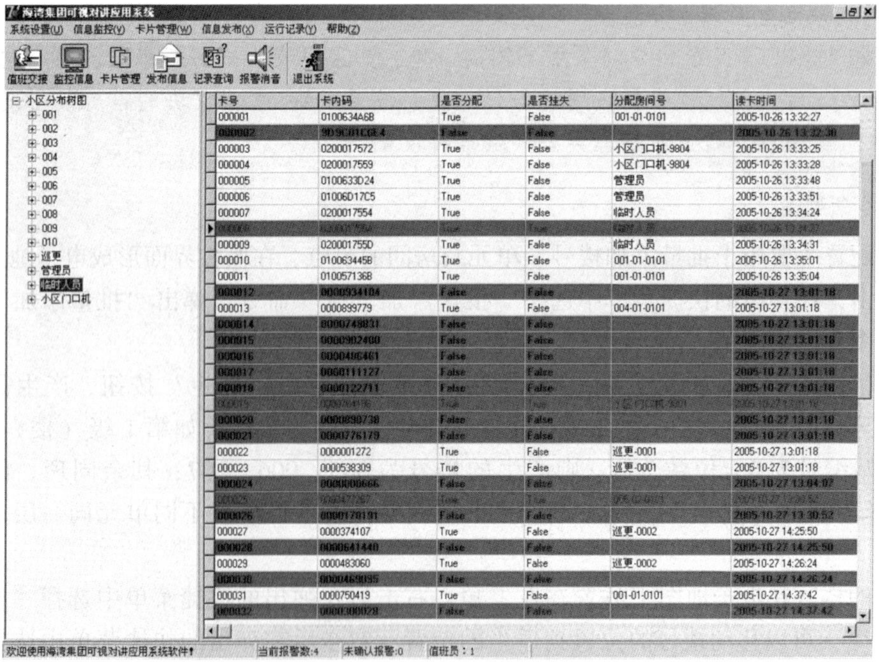

图3-31 卡片管理界面

从卡片管理界面可以了解卡片的信息，包括卡号、卡内码、是否分配、是否挂失、分配房间号及读卡时间。

（1）"卡号"栏是卡片注册时的编号。

（2）"卡内码"栏是卡片固有的编码。

（3）"是否分配"栏表示卡片是否分配给用户，"True"表示该卡片已分配，"False"表示该卡片还未分配，卡片分配后其背景色不再为绿色。

（4）"是否挂失"栏表示该卡片是否挂失，"True"表示该卡片已挂失，"False"表示该卡片没有挂失，卡片挂失后其背景色为红色。

（5）"分配房间号"栏表示该卡片分配给的用户，如"001 - 01 - 0101""管理员""临时人员""巡更 - 9969""巡更 - 9968""小区门口机 - 9801"。其中，"001 - 01 - 0101"只能打开本单元的门，"管理员"可以打开所有的单元门，"临时人员"只能打开其分配所在的单元门，"巡更 - 9969"除具有巡更功能外还可以开所有的单元门，"巡更 - 9968"只具有巡更功能而不能打开任何单元门，"小区门口机 - 9801"只能打开小区的门口机单元门。没有分配则为空。

（6）"读卡时间"栏为卡片注册时间。

1）添加节点

在卡片管理界面的左边栏选择要添加节点的位置右击，在弹出的快捷菜单中选择"添加节点"命令，进入"批量添加节点"对话框，可以添加3种节点。

（1）在小区分布图、楼号、单元号节点上右击，在弹出的快捷菜单中选择"添加节点"命令，其配置与楼盘配置是一样的。

（2）在房间号、开门巡更卡、独立巡更卡、管理员、临时人员节点上右击，在弹出的快捷菜单中选择"添加节点"命令，弹出如图3 - 32（a）所示的对话框。通过该对话框可以添加住户、管理人员、临时人员及巡更人员。

（3）在小区门口机节点上右击，在弹出的快捷菜单中选择"添加节点"命令，弹出如图3 - 32（b）所示的对话框。在输入框内输入小区门口机编号，小区门口机的编号只能是9801~9809，其中9801表示1号小区门口机，对应地址为1的小区门口机。

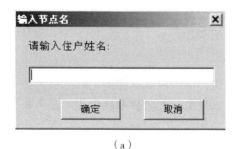
（a）

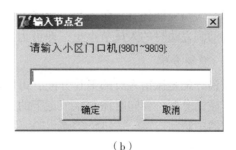
（b）

图3 - 32 "输入节点名"对话框

（a）注意节点；（b）小区门口机节点

2)注册卡片

在卡片管理界面的左边栏右击,在弹出的快捷菜单中选择"注册卡片"命令,弹出"注册卡片"对话框,如图3-33所示。

注册卡片的功能是读取卡片,并把读取的卡片保存到卡片信息库中,同时为读取的卡片分配一个序号,供给住户、巡更人员和管理人员分配卡片时使用。

目前,系统支持对两种卡片的读取:Mifare One感应卡和只读ID感应卡。

用户刷卡后,系统会自动注册卡片,分配一个卡片编号(编号不能重复),并把卡片信息写入数据库中;此外,也可以手动输入信息,使之保存到数据库中。如果该卡片已经注册,箭头则指向该卡片所在的位置。

如果勾选"指定编号增一"复选框,用户可以输入一个指定卡的起始编号,当注册下一张卡片时,系统会按照指定的编号自动增一;如果没有勾选"指定编号增一"复选框,系统会自动分配数据库中没有的编号。

3)读卡分配

读卡分配是在注册卡片的同时把卡片分配给用户。在卡片管理界面的左边栏右击住户、巡更人员、管理人员或临时人员,在弹出的快捷菜单中选择"读卡分配"命令,弹出"读卡分配卡片"对话框,如图3-34所示。

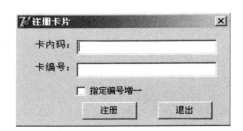
图3-33 "注册卡片"对话框

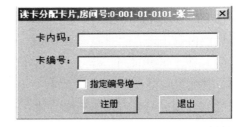
图3-34 "读卡分配卡片"对话框

用户可以通过刷卡或手动输入卡内码,单击"注册"按钮后,系统会分配一个编号,也可指定编号,同时把该卡片分配给住户。

4)卡片分配

每个人员只能拥有一张卡片,每张卡片也只能分配给一位人员。把已经注册但未分配的卡片拖动到左边栏的人员节点上,即可为该人员分配卡片。

5)撤销分配

撤销分配是撤销人员的卡片分配,可以逐个撤销,也可以成批撤销。在人员的上一级节点进行撤销分配,会同时撤销该节点下的人员卡片。撤销分配时,系统会提示是否将该卡片从控制器中删除。

6)下载卡片

下载卡片是把已经分配的卡片下载到控制器中,系统自动按照卡片内码排序下载,下载时根据选择的节点确定下载的卡片。例如,如果选择一个人员的卡片,则只下载当前卡片;如果选择一个房间,则下载一个房间的卡片;依此类推,可以到一个单元下载单元的全部卡片。下载单元全部卡片时,系统将先删除单元控制器的所有卡片,然后将上位机分配的所有卡片下载到单元的控制器中。

下载临时卡片时必须选择要下载到的楼号-单元号，且只对下载到的单元刷卡有效，如图3-35所示。

7）读取卡片

从单元控制器中读取卡片信息时，根据卡片信息比较下位机与上位机卡片情况，将上位机不存在的卡片记录自动写入数据库中，将下位机不存在的卡片记录或卡片的编号和卡片下载的位置不一致的卡片进行合并；在读完卡片后，用户可以选择对当前单元控制器进行卡片下载，以使上位机与下位机卡片一致。

图3-35 下载临时卡片

8）节点更名

节点更名是更改节点的名称，可以更改楼号、单元号、房间号、人员名称。更改楼号、单元号及房间号时要慎重，更改完成后要重新下载卡片。巡更、开门巡更卡、独立巡更卡、管理员、临时人员、小区门口机节点的名称不能更改，其节点下的人员节点名称可以更改，更改后需要刷新显示。

9）删除节点

删除节点是删除选中节点的配置信息，而不会把已经下载的卡片从控制器中删除。若要删除该节点，最好先撤销其卡片分配，再执行删除节点。

10）卡片挂失

卡片挂失是挂失选中节点的配置信息，并把已经分配的卡片从单元控制器中删除，同时使卡片信息显示红色。

11）撤销挂失

撤销挂失是恢复挂失的卡片信息，并重新下载卡片信息。

12）刷新显示

刷新显示是重新载入数据信息。

13）删除卡片

删除卡片是删除已经注册但还未分配的卡片。选中未分配的卡片，按"Delete"键，经确认后即可删除该卡片。已经分配的卡片不能随便删除，若要删除，必须先撤销分配，采用组合键"Ctrl"+"Delete"删除卡片。

4. 监控信息

可视对讲软件启动后可以监控可视对讲的报警、对讲和开门等信息。

1）报警信息

报警信息主要包括防拆报警、胁迫报警、门磁报警、红外报警、燃气报警、烟感报警及求助报警。

报警发生时，在电子地图相应的楼号和单元显示交替的红色，若外接了喇叭，则发出相应的报警声，同时在监控信息栏显示报警的图标、报警描述、分机号、是否处理及报警时间。同一个报警信息再次出现时,只更新报警的时间,同一个报警时间的间隔在通信设置里设定。报警处理后,单击图标前的方框即可复位报警,关闭声音。报警描述的内容有楼号、单元号、室外机或房间号(室内机)及报警类型。

(1)报警消音:在快捷栏上单击"报警消音"按钮将关闭报警的声音,但不复位报警。

(2)清除记录:当信息栏上的记录越来越多时,在记录上右击,在弹出的快捷菜单中选择"清除记录"命令,即可清空信息栏下的信息,而不会删除数据库的记录。

2)对讲信息

对讲信息是发生对讲业务时显示的信息,包括图标、发起方、响应方、对讲类型、发生时间。其中,发起方和响应方的内容包括室外机、室内机、管理机和小区门口机;对讲类型包括对讲呼叫、对讲等待、对讲通话和对讲挂机。

3)开门信息

开门信息是管理中心机开门、用户刷卡开门、用户密码开门、室内机开门的信息,包括图标、房间号、分机号、开门类型和开门时间。其中,房间号是指被开门的设备,如小区门口机、室外机;分机号是指被开门的设备的分机号;开门类型是指开门的方式,如用户卡开门、用户卡开门(巡更 -01)、管理中心开门、分机开门、用户密码开门、公用密码开门和胁迫密码开门。

5. 运行记录

运行记录包含了系统运行时的各种信息,主要包括报警、巡更、开门、对讲、消息、故障,这些信息都保存在数据库中,用户可以进行查询、数据导出及打印等操作。

当用户要查找所需信息时,在快捷栏上单击"记录查询"按钮,弹出"记录查询"对话框,如图 3 – 36 所示。

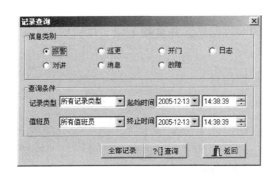

图 3 – 36 "记录查询"对话框

查询信息按照信息类别分为报警、巡更、开门、日志、对讲、消息和故障;用户可以在"查询条件"栏根据要求选择记录类型、值班员、起始时间,终止时间等查询条件。单击"全部记录"按钮可以显示所有记录信息。

6. 系统数据恢复

从数据安全性考虑,若系统在使用的过程中出现问题,则在重新安装系统时需要从已经备份的数据库中导入数据,恢复原来的数据。数据恢复系统会提示操作员是否备份当前的数据，备份后导入数据。

选择需要备份的数据库，单击"打开"按钮，系统会提示"系统数据恢复成功，建议重新启动该系统"。

● **复习思考题**

1. 什么是门禁系统？
2. 简述门禁系统识别技术的分类。
3. 简述智能门禁控制系统的组成和主要功能。
4. 简述对讲系统的基本功能。
5. 简述管理中心机在楼宇智能化系统的作用。
6. 简述户内报警的形式、主要特点和工作原理。
7. 简述室内机的主要功能。
8. 简述层间分配器在联网可视对讲门禁系统的作用。
9. 简述将智能楼宇系统中的单元门主机地址设为"6"的方法。
10. 简述将某个用户设为7号楼2单元503房间的方法。

项目 4

视频监控系统

教学目的

通过"教、学、做合一"的模式,使用任务驱动的方法,使学生了解网络视频监控系统的组成,认识网络视频监控系统设备,掌握系统中主要设备的功能及使用方式,理解视频监控及周边防范子系统,提高监控系统安装和调试能力,掌握排除故障的一般方法。

教学重点

讲解重点——网络视频监控系统的组成和原理。
操作重点——网络视频监控系统的安装和调试。

教学难点

理论难点——视频监控及周边防范子系统的系统原理。
操作难点——网络视频监控系统的操作和设置。

4.1 任务 1　　视频监控系统的认知

学习目标

(1) 掌握视频监控系统的组成。
(2) 了解视频监控系统设备和典型视频监控系统。
(3) 认识视频监控系统设备。
(4) 能够正确连接线路。
(5) 能够在监视器上显示四路摄像机的视频。

4.1.1　视频监控系统概述

远程视频监控系统通过标准电话线、网络、移动宽带等进行连接，用于监控楼宇，控制云台/镜头，存储视频监控图像，是基于数字视频监控系统的远程应用系统，通常有基于 PC 技术、基于网络摄像机和基于嵌入式 Web 服务器等几种远程监控系统的实现方式。

智能安防监控系统采用图像处理、模式识别和计算机视觉技术，通过在监控系统中增加智能视频分析模块，借助计算机强大的数据处理能力过滤视频画面的无用或干扰信息，自动识别不同物体，分析并抽取视频源中的有用信息，快速而准确地定位事故现场，判断监控画面中的异常情况，并以最快速度和最佳方式发出警报或触发其他动作，从而有效进行事前预警、事中处理、事后及时取证，是全自动实时智能监控系统。智能安防监控由计算机替代人脑的部分工作，对监控的图像自动进行分析并做出判断，出现异常时及时发出预警，从而改变监控系统无法摆脱人工干预和只能作为场景记录的情况。

视频监控系统包含视频监控系统和周边防范系统两大部分，视频监控系统由监视器、矩阵主机、硬盘录像机、高速球云台摄像机、一体化摄像机、红外摄像机、常用枪式摄像机以及常用的报警设备组成，如图 4-1 所示。报警功能由周边红外对射开关和单元门门磁开关构成，当检测到其中任意一路信号时，它能与安防监控系统实现报警联动，完成对智能大楼门口、智能大楼、管理中心等区域的视频监控及录像。

摄像机将影像信号传到控制中心，控制中心一方面将不同的视频信号进行分类、整合、切换，送到显示器上还原出图像，另一方面将各路视频信号存储在专用设备上。闭路电视监控及周边防范系统是安全防范技术体系中的重要组成部分，是一种先进的、防范能力极强的综合系统，是维护社会治安、打击犯罪的有效武器，被广泛应用于各种场合。

随着计算机技术、网络技术、图像处理技术和传输技术的飞速发展，视频监控技术可以通过遥控摄像机及其辅助设备直接观看被监控场所的情况，并把被监控场所的图像传送到监控中心，还可以把被监控场所的图像全部或部分地记录下来，为日后某些事件的处理提供条件和重要依据。

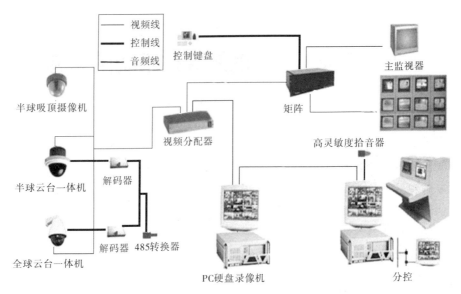

图 4-1 视频监控系统的组成

4.1.2 视频监控系统的组成

典型的视频监控系统主要由前端采集设备系统、终端设备、周边防范红外对射装置和传送介质与接线组成。视频监控系统由传输、控制、显示和记录 4 个部分及各类摄像机（可能有麦克风）组成。在每一部分中，又含有更加具体的设备或部件，其组成框图如图 4-2 所示。

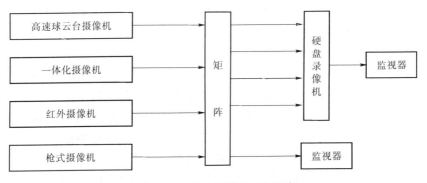

图 4-2 闭路电视监控系统框图

1. 前端采集系统

前端采集系统主要包括摄像机、镜头、云台、解码控制器和报警探测器等前端设备。操作者通过前端设备获取声音、图像及报警等需要被监控的信息。前端设备在中心控制室的控制下摄取被监控场所图像、拾取声音信息并将其转换为相应的电信号，通过传输系统送到中心控制室的终端设备上。

下面主要介绍各种摄像机和解码器。

1) 高速球云台摄像机

高速球是一种集成度相当高的产品，集成了云台系统、通信系统和摄像头系统。云台系统是指电机带动的旋转部分，通信系统是指对电机的控制以及对图像和信号的处理部分，摄像机系统是指采用一体机的机芯。在各大系统之间，起着横向连接作用的是一块主控核心CPU和电源部分。为了向各大系统之间供电，电源部分采用二极管、晶体管等微电流供电，而核心CPU是实现所有功能正常运行的基础。

高速球采用精密微分步进电机实现快速准确的定位和旋转，所有功能通过CPU发送的指令来实现。

本系统中高速球的连接步骤为：

（1）把高速球云台摄像机的电源线、485总线、视频线穿过高速球云台摄像机支架，并将支架固定到智能大楼外侧的网孔板上，将高速球云台的罩壳固定在支架上；

（2）将高速球云台摄像机的电源线、485总线、视频线接到高速球云台摄像机的对应接口内；

（3）设置高速球云台摄像机的通信协议、波特率和地址码，其通信协议为PELCO-D，波特率为2 400，地址码为1；

（4）将高速球云台摄像机球体机芯的卡子卡入罩壳上对应的卡孔内，并旋转球体机芯，使其完全被卡住，接着慢慢地放开双手，以防掉落损坏球体机芯；

（5）将高速球云台摄像机的透明罩壳固定到罩壳。

2) 枪式摄像机

枪式摄像机即一般摄像机，主要由摄像头和变焦设备构成，其安装步骤为：

（1）取出自动光圈镜头，并将其固定到枪式摄像机的镜头接口；

（2）将摄像机支架固定到智能大楼的前网孔板右边；

（3）将摄像机固定到摄像机支架上，并调整镜头对准楼道。

3) 红外摄像机

红外摄像机一般在照明条件不足或完全无光的环境下选用，通过光敏器-光线感应器感应光线的强弱，达不到彩色的照明要求时会启动红外灯照明补光，反之，关闭红外照灯照明。

红外摄像机的安装步骤为：

（1）将摄像机的支架固定到管理中心的网孔板左边；

（2）将红外摄像机固定到摄像支架上，并调整镜头对准管理中心。

4) 室内全方位云台及一体化摄像机

云台是安装和固定摄像机的支撑设备，全方位云台可以带动上面的摄像头做立体转动。其内部有两个电机，电源采用交流220 V/24 V，一个作为水平方向也就是左右方向的驱动动力，另一个作为上下方向的驱动动力。两个电机的动作受控于解码器。

室内全方位云台及一体化摄像机的安装步骤为：

（1）将室内全方位云台固定到智能大楼正面网孔板的左上角；

（2）将一体化摄像机固定到室内全方位云台上。

5) 解码器

解码器安装在摄像头（及云台）附近，用于控制云台、镜头等前端设备，其功能是把控制室操作键盘发出的代表控制命令的编码信号解码还原为摄像机和云台等的具体控制信号，控制云台的上、下、左、右及组合动作，镜头的光圈、变焦控制、保护罩的雨刷动作，加热、降温、除尘、除霜机构等。

解码器可以放入云台内部（内置解码器），与控制设备的接口一般为 RS-485，常用的通信协议有 PELCO-D、PELCO-P、AD/AB、YAAN 等。解码器如图 4-3 所示。

在安装时，将解码器固定到室内全方位云台的右边。

2. 终端设备

终端设备是系统对所获取的声音、图像、报警等信息进行综合并显示出来的设备，主要包括监视器、录像机等。系统通过终端设备的显示提供最直接的视觉、听觉感受，以及被监控对象提供的可视性、实时性及客观性的记录。

1) 矩阵切换控制器

一个完整的安防电视监控系统通常由摄像机、监视器等设备组成。实现视频信息资源的共享分配、切换和显示，以及摄像机对监视器的顺序切换显示或分组切换显示的设备是视频矩阵切换器。

例如，会议室一般有摄像机、DVD、VCR（录像机）、实物展台、台式计算机、笔记本电脑等输入设备，而显示终端较少，包括投影机、等离子、大屏幕显示器等。若想共享和分配输入设备的显示信息，可以利用视频矩阵将信号源设备的任意一路信号传输至任意一路显示终端上，并可以做到音频和视频的同步切换，使用方便。在安防行业，通过视频矩阵和电视墙的配合，操作人员可以在电视墙或者任何一个分控点看到任意一个摄像机的图像。

视频矩阵切换器收到控制键盘的切换命令后将对应的输入切换到对应的输出。切换部分的核心为一个 X×Y 的交叉点电子开关，通过控制交叉点开关的断开和闭合可以实现 X 方向的任意输入和 Y 方向的输出相连通。若将摄像机连接 X 方向的输入，监视器连接在 Y 方向的输出，则可以通过电子开关的闭合、断开，在任意一个监视器上看到任意一个摄像机的图像。矩阵切换控制器如图 4-4 所示。

图 4-3 解码器

图 4-4 矩阵切换控制器

2) 硬盘录像机

摄像机将现场发生的画面实时准确地记录下来，需要匹配具有记忆功能的硬盘。硬盘录像机可以将监视现场的画面实时地、真实地记录下来，并具有事后检索、报警等功能，是闭路电视监控系统中不可或缺的设备。硬盘录像机如图 4-5 所示。

图 4-5 硬盘录像机

（1）录像。在录像时由硬盘录像机的应用程序和操作系统通过 PC 的 CPU 对视频处理器下达指令，通知视频模/数转换器截取图像信号，该信号经压缩处理后送入 PC 存盘。

（2）回放。回放过程是将保存在磁盘上的压缩文件通过应用程序在 PC 上解压缩，而无须视频卡的支持。

（3）监控。在监控时由硬盘录像机的应用程序和操作系统通过 PC 的 CPU 对视频处理器下达指令，由它通知视频模/数转换器截取图像信号，该信号不经压缩处理，直接由视频处理器送入 PC。

（4）报警。当报警功能被激活时，应用程序对送入的图像数据中的被选择数据进行检测，若有异常则由操作系统告知声卡并播放报警声。

（5）录音。系统通过软件控制音频后，压缩卡把声音录制下来，并与视频文件连接，播放时应用程序会同时处理视频和声音文件并进行播放。

（6）远端监看。由本地机的应用程序告知操作系统，操作系统告知本地网络连接器完成接网动作。当远地网络连接器被连接时，本地机的应用程序告知操作系统，操作系统通过两地网络连接器和局域网（或广域网）发送指令告知远端操作系统，远端操作系统通知远端机的应用程序，远端机的应用程序暂停正在执行的其他命令，响应本地机的指令，送出准备发送的信息给本地机。本地机应用程序接到准备发送指令后，当准备工作完成时，回应可以发送准备接收的信息到远地 PC，远地 PC 收到信息后开始录像，并把压缩的图像信息编码发送给本地机。

3）监视器

监视器的作用是把控制系统送来的摄像机信号重现成图像。系统根据需要配备数字硬盘或录像机，数字图像信号记录保存在硬盘中，模拟图像信号记录保存在录像带中。系统监视器一般有 CRT（阴极射线管）监视器和液晶监视器两种，如图 4-6 所示。

（a）　　　　　　　　　　　　（b）

图 4-6 监视器

(a) CRT 监视器；(b) 液晶监视器

3. 周边防范红外对射装置

主动红外探测器目前采用最多的是红外对射装置，它由一个红外发射器和一个接收器以相对方式布置组成。当非法入侵者横跨门窗或其他防护区域时，会挡住不可见的红外光束，从而引发报警。为防止非法入侵者可能利用另一个红外光束瞒过探测器，探测器的红外线必须调制到指定的频率再发送出去，而接收器也必须配有频率与相位鉴别电路来判别光束的真伪，或防止日光等光源的干扰。

主动红外探测器一般用于周边防护探测器，是用来警戒院落周边最基本的探测器。

4. 传送介质与接线

传送介质是将前端设备采集到的信息传送到控制设备及终端设备的传输通道，主要包括视频线、电源线和信号线。传输介质的作用是将摄像机输出的视频（有时包括音频）电信号反馈到中心机房或其他监控点。控制中心的控制信号同样通过传输介质送到现场，以控制现场摄像机、镜头、云台和防护罩的工作。

传输方式有有线传输和无线传输两种。有线传输是近距离系统信号的传输，一般采用基带传输方式，直接传送视频图像信号，同时传送对摄像机、镜头、云台和防护罩的控制信号。图像信号和控制信号通常采用两种不同的线缆传输。在现场环境无法敷设线缆的视频监控系统中可以采用无线传输的方法，在远距离传输时则采用微波无线传输方式。

本系统采用有线传输介质，一般来说，视频信号可以采用同轴视频电缆传输，也可以采用光纤、微波、双绞线等介质传输。

1) 摄像机、矩阵、硬盘录像机和监视器间的连接

（1）视频线的连接。高速球云台摄像机的视频输出连接到矩阵的视频输入1，枪式摄像机的视频输出连接到矩阵的视频输入2，红外摄像机的视频输出连接到矩阵的视频输入3，一体化摄像机的视频输出连接到矩阵的视频输入4；矩阵的视频输出5连接到监视器的输入1，矩阵的视频输出1~4对应连接到硬盘录像机的视频输入1~4；硬盘录像机的输出连接到监视器的视频输入2。如图4-7所示。

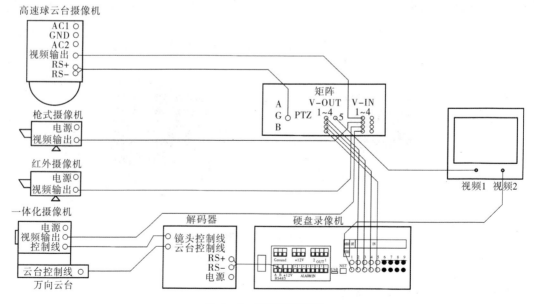

图4-7 视频监控接线

(2) 视频电源连接。高速球云台摄像机的电源为 AC 24 V，枪式摄像机、红外摄像机、一体化摄像机的电源为 DC 12 V，解码器、矩阵、硬盘录像机、监视器的电源为 AC 220 V。

(3) 控制线连接。高速球云台摄像机的云台控制线连接到矩阵 PTZ 中的 A+、B-，解码器的控制线连接到硬盘录像机 RS485 的 A+、B-。

2) 周边防范子系统的接线

红外对射探测器到电源输入连接到开关电源 DC 12 V 输出；接收器公共端 COM 连接到硬盘录像机报警接口的 Ground，常开端 CO 连接到硬盘录像机报警接口的 ALARM IN 1；门磁的报警输出分别连接硬盘录像机报警接口的 Ground 和 ALARM IN 2；声光报警探测器的负极连接到开关电源的 GND，正极连接到硬盘录像机报警接口 OUT1 的 1 端，OUT1 的另一端连接到开关电源 12 V，如图 4-8 所示。

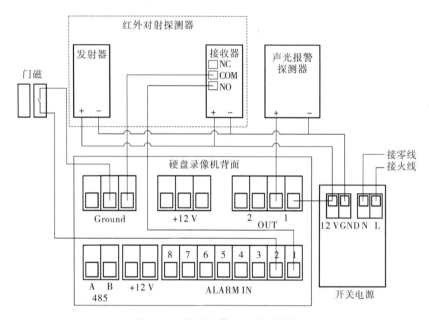

图 4-8 周边防范子系统的接线

4.2 任务2 视频监控系统的设置与操作

学习目标

(1) 掌握监视器的设置与操作。
(2) 掌握阵列切换和云台控制操作。
(3) 掌握系统登录和报警联动。

4.2.1 监视器的设置及操作

1. 监视器的设置

打开监视器的电源开关，进行图像调整、系统设置和浏览设置。

1）图像调整

将遥控器对准监视器的遥控接收窗，按一下"菜单"键，调出"图像"菜单；接着按"上移/下移"键选择调整项；按"增加/减少"键对选择项进行增减操作。

2）系统设置

将遥控器对准监视器的遥控接收窗，连续按两下"菜单"键，调出"系统"菜单；接着按"上移/下移"键选择调整项；按"增加/减少"键对选择项进行增减操作。

3）浏览设置

将遥控器对准监视器的遥控接收窗，连续按3下"菜单"键，调出"系统"菜单；接着按"上移/下移"键选择调整项；按"增加/减少"键对选择项进行增减操作。

2. 监视器的操作

监视器可以进行视频手动切换和视频自动切换。

1）视频手动切换

将遥控器对准监视器的遥控接收窗，连续按两下"菜单"键，调出"系统"菜单；接着按"上移/下移"键选择"视频"菜单；按"增加/减少"键将在输入1和输入2之间切换。

2）视频自动切换

将遥控器对准监视器的遥控接收窗，连续按3下"菜单"键，调出"浏览"菜单；接着按"上移/下移"键选择"通道选择"菜单；按"增加/减少"键将进入输入1和输入2设置界面。

按"上移/下移"键选择"输入1"或"输入2"命令，按"增加/减少"键将该通道设置为"开"或者"关"，本实训中需要将输入1和输入2设置为"开"状态。

按"浏览"键返回到浏览设置菜单，按"上移/下移"键选择浏览开关，并将"增加/减少"键设置为"开"状态。

4.2.2 系统设置与操作

1. 矩阵切换

按数字键"5"，然后按"MON"键，切换到通道5的输出；按数字键"2"，然后按"CAM"键，切换输入通道2到输出。

⚠ **注意：**
上述操作需将监视器切换到输入通道1，且将矩阵输出5连接到监视器的输入1。

2. 队列切换

（1）在常规操作时按"MENU"键进入键盘菜单。

（2）按"↑"键上翻菜单或按"↓"键下翻菜单，直到切换到"7）矩阵菜单"。

（3）按"Enter"键进入矩阵菜单，菜单中包括"系统配置设置""时间日期设置""文字叠加设置""文字显示特性""报警联动设置""时序切换设置""群组顺序切换""报警记录查询""恢复出厂设置"命令。

（4）按"↑"键或按"↓"键，将菜单前闪烁的"▶"切换到"6 时序切换设置"。

（5）按"Enter"键进入队列切换编程界面，显示如下内容：

视频输出 01　　　　驻留时间 02

视频输入

01＝0001	09＝0009	17＝0017	25＝0025
02＝0002	10＝0010	18＝0018	26＝0026
03＝0003	11＝0011	19＝0019	27＝0027
04＝0004	12＝0012	20＝0020	28＝0028
05＝0005	13＝0013	21＝0021	29＝0029
06＝0006	14＝0014	22＝0022	30＝0030
07＝0007	15＝0015	23＝0023	31＝0031
08＝0008	16＝0016	24＝0024	32＝0032

（6）按"↑"键或按"↓"键，切换闪烁的"▶"，表示当前修改的参数，输入数字并按"Enter"键完成相应的参数修改，完成修改的内容如下：

视频输出 05　　　　驻留时间 05

视频输入

01＝0001	09＝0000	17＝0000	25＝0000
02＝0003	10＝0000	18＝0000	26＝0000
03＝0002	11＝0000	19＝0000	27＝0000
04＝0004	12＝0000	20＝0000	28＝0000
05＝0003	13＝0000	21＝0000	29＝0000
06＝0004	14＝0000	22＝0000	30＝0000
07＝0001	15＝0000	23＝0000	31＝0000
08＝0002	16＝0000	24＝0000	32＝0000

（7）按"DVR"键返回到矩阵菜单。

（8）按"DVR"键退出矩阵菜单。

（9）连续按两次"Exit"键退出设置菜单。

（10）按"SEQ"键，在输出通道5执行队列切换输出。

（11）按"Shift"+"SEQ"组合键，停止该队列。

3. 云台控制

（1）按"5"键，然后按"MON"键，切换到通道5输出。

（2）按"1"键，然后按"CAM"键，切换输入的摄像机1。

⚠ **注意：**

高速球云台摄像机的地址为1，通信协议为PELCO-D，波特率为2 400。

（3）控制矩阵的摇杆，从而控制高速球云台摄像机进行相应的转动。

（4）按"Zoom Tele"键或"Zoom Wide"键进行镜头的拉伸。

（5）使用摇杆和矩阵键盘切换到高速球需要监视的预置点1。

（6）按"1"输入预置点号"1"，并按"Shift"+"Call"组合键，设置智能球机的预置点。

（7）重复步骤（5）（6）设置预置点2、3、4。

（8）预置点的调用，按"1"键，然后按"CALL"键切换到预置点1，利用同样的方法切换到预置点2、3、4。

4. 画面切换及系统登录

（1）使用监视器的遥控器将监视器切换到视频2的显示。

⚠ **注意：**

将硬盘录像机的输出连接到监视器的输入2。

（2）按硬盘录像机面板上的"MULT"键，实现单画面和四画面切换。

（3）在硬盘录像机正常开机后按硬盘录像机的"Enter"键，监视器弹出"登录系统"对话框，如图4-9所示。在"用户"列表中选择用户名"888888"，在"密码"栏输入"888888"，切换到"确定"按钮，按"Enter"键即可登录系统。

⚠ **注意：**

硬盘录像机可通过"左、右"方向键切换各个选项，"上、下"方向键切换选项内容，"Enter"为确定键，"Esc"为取消键。密码选项的输入法通过"⇧"切换。"123"表示输入数字，"ABC"表示输入大写字母，"abc"表示输入小写字母，": /?"表示输入特殊符号，数字键区用于输入数字字符、字母字符或者其他特殊符号。

本操作中的解码器已经连接到硬盘录像机，且解码器的地址为4，通信协议为PELCO-D，波特率为2 400。

（1）在硬盘录像机上登录系统，然后在主菜单中选择"系统设置/云台设置"命令，进入"云台控制"参数设置界面，如图4-10所示。参数设置如下：通道选择"4"，协议选择"PELCOD"，地址输入"4"，波特率选择"2 400"，数据位选择"8"，停止位选择"1"，校验选择"无"。单击"保存"按钮，按"Enter"保存设置的参数，然后按"Esc"键直到退出参数设置系统。

（2）在单画面显示下按数字键"4"，将监视器的显示界面切换到高速球云台摄像机的监控图像。按面板上的"Fn"键，进入"辅助功能"界面，默认选择"云台控制"选项。按"Enter"键，进入"云台控制"界面，如图4-11（a）所示。

图4-9　"登录系统"界面　　　　图4-10　"云台控制"参数设置界面

（3）使用前面板的方向键控制球型云台（一体化摄像机）进行上、下、左、右转动。

使用前面板的慢放键▶或者快进键▶▶，增大或者减小高速球云台摄像机的放大倍数。使用"Fn"键进行页面切换，进入如图4-11（b）所示的"云台控制"界面。

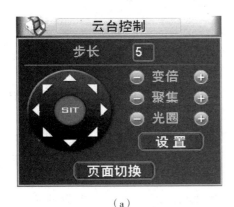

（a）　　　　　　　　　　　　（b）

图4-11　"云台控制"界面
（a）手柄控制；（b）前面板控制

（4）使用"左、右"键切换各个选项，使用"上、下"键改变"值"的大小。

（5）切换到"线扫"按钮，按"Enter"键，将摄像机切换到自动扫描转动状态，其限位点为左右限位点。将"线扫"按钮改为"停止"按钮。

（6）选中"停止"按钮，按"Enter"键，退出自动扫描转动状态。

在"云台控制"界面下按"Esc"键可以退出云台控制界面。

4.2.3　录像设置与操作

1. 手动录像

登录系统，依次进入"高级选项""录像控制"界面，使用"左、右"方向键将录像通道切换到通道1，使用"上、下"方向键切换本路录像的状态（显示"●"为开启该项录像功能），使通道1为"手动"状态。切换到"确定"按钮，按"Enter"键保存并退出

"录像控制"界面,将通道 1 切换到录像状态,按"Esc"键退出设置界面。

等待 10 min 后,将通道 1 的录像控制状态修改为"关闭",即可关闭通道 1 的录像。

2. 定时录像

(1) 登录系统,依次进入"高级选项""录像控制"界面,将通道 2 的录像状态修改为"自动",保存设置并退出系统。

(2) 依次进入"系统设置""录像设置"界面,如图 4-12 所示。参数设置如下:通道选择"2",星期选择"全",时间段 1 设置为"00:00—24:00"(注意:这里可修改为当前系统时间到录像结束时间,一般录像时间可依据教学时间进行设置,将开始时间设置为当前时间,结束时间设置为当前时间多加 10 min 左右),勾选时间段 1 的"普通"复选框,其他保持默认设置,切换到"保存"按钮,按"Enter"键退出,即可打开通道 2 的定时录像功能。

> ⚠ **注意:**
> 本设置中,勾选状态的复选框反显"■"或者反显"●"。

3. 系统报警及联动

(1) 将高速球云台摄像机的镜头对准智能大楼的门口方向,在硬盘录像机上设置云台控制界面 2 的值为"1",单击"预置点",按"Esc"键退出云台控制界面。

(2) 在硬盘录像机上登录系统,依次进入"高级选项""录像控制"界面,将通道 3 的录像状态修改为"自动",保存设置并退出系统。

(3) 依次进入"系统设置""录像设置"界面,参数设置如下:通道选择"3",星期选择"全",时间段 1 设置为"00:00—24:00",勾选时间段 1 的"报警"复选框,其他保持默认设置,切换到"保存"按钮,按"Enter"键退出。

(4) 依次进入"系统设置""报警设置"界面,如图 4-13 所示。参数设置如下:报警输入选择"1",报警源选择"本机输入",设备类型选择"常开型",录像通道选中"3",延时设置为"10"秒,报警输出选中"1",时间段 1 设置为"00:00—24:00",勾选时间段 1 的"报警输出"和"屏幕提示"复选框。

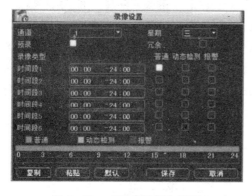

图 4-12 "录像设置"界面

图 4-13 "报警设置"界面

(5) 切换到云台预置点右边的"设置"按钮,将通道 3 的值设置为"1",切换到"保存"按钮,按"Enter"键退出。

(6) 依次进入"高级选项""报警输入"界面,选中"1,2,3,4",切换到"确定"按钮,按"Enter"键保存后按"Esc"键退出。

(7) 用物体挡在红外对射探测器之间,将在屏幕上提示报警,且开始录制通道1的画面。观察硬盘录像机的录像指示灯及声光报警器的状态。打开紧急按钮,观察监视器屏幕显示、硬盘录像机的录像指示灯及声光报警器的状态。

4.3 任务3 新型网络视频监控系统

学习目标

(1) 掌握新型网络视频监控系统的组成。
(2) 掌握新型网络视频监控系统的线路连接。
(3) 学会网络硬盘录像机的常用设置。

4.3.1 新型网络视频监控系统概述

新型网络视频监控系统由液晶监视器、网络硬盘录像机、网络智能高速球摄像机、红外半球摄像机、红外筒形摄像机、红外点阵筒形摄像机和周边防范探测器(主动红外对射探测器、门磁)组成,如图4-14所示。它能够完成对楼道、智能大楼和管理中心的视频监控和录像等功能,同时结合周边防范探测器实现报警联动等功能。

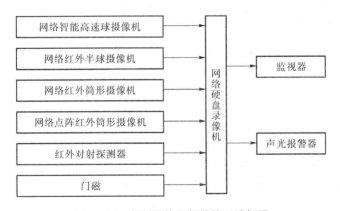

图4-14 新型网络视频监控系统框图

其系统可以实现以下功能:
(1) 设备安装与接线,实现各类常见设备的安装与接线操作;
(2) 硬盘录像机视频切换,实现单画面及四画面的切换;
(3) 硬盘录像机控制云台,实现硬盘录像机控制云台转动、镜头调节、自动轨迹、区域扫描的操作;
(4) 硬盘录像机手动录像,实现手动录像及录像查询;

（5）硬盘录像机定时录像，实现定时录像及录像查询；

（6）硬盘录像机报警联动录像，实现外部报警输入、动态监测报警输入、联动录像、报警及录像查询；

（7）红外筒形摄像机进行智能侦查，实现人脸侦测、越界侦测、区域入侵侦测、进入区域侦测等功能。

系统通过各种网络摄像机、红外探测器进行实时监控，把图像、声音等信息传输到网络硬盘录像机进行保存，并通过液晶显示屏等监视器实时显示出来，如果遇到不法侵入，则发出声光报警。

1. 主要模块的安装

1）网络硬盘录像机

网络硬盘录像机如图4-15所示，其安装过程为：

（1）将网络机柜内的托板移至监视器下方，且预留合适的安装位置；

（2）将网络硬盘录像机固定到网络机柜内的托板上。

图4-15 网络硬盘录像机

2）网络智能高速球摄像机

网络智能高速球摄像机如图4-16所示，其安装过程为：

（1）将网络智能高速球摄像机的电源线、网线穿过网络智能高速球摄像机支架，并将支架固定到智能大楼外侧面的网孔板上；

（2）将网络智能高速球摄像机的电源线、网线接到网络智能高速球摄像机的对应接口内；

（3）将网络智能高速球摄像机固定到支架上。

3）红外阵列筒形摄像机

红外阵列筒形摄像机如图4-17所示，其安装过程为：

（1）将摄像机支架固定到智能小区的后面网孔板右边；

（2）将摄像机固定到摄像机支架上，调整镜头对准楼道。

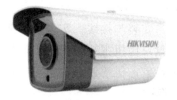

图4-16 网络智能高速球摄像机　　　图4-17 红外阵列筒形摄像机

4）红外半球摄像机

红外半球摄像机如图4-18所示，其安装过程为：

（1）将摄像机的支架固定到智能小区的顶部网孔板左边；

（2）将红外摄像机固定到摄像支架上，调整镜头对准智能小区出口。

5）红外筒形摄像机

红外筒形摄像机如图4-19所示，其安装过程为：

（1）将红外筒形摄像机支架固定到管理中心前面网孔板的右边。

（2）将红外筒形摄像机固定到摄像支架上，调整镜头对准楼道。

图4-18 红外半球摄像机　　　　图4-19 红外筒形摄像机

2. 系统接线

摄像机、网络硬盘录像机和监视器间的连接如下。

（1）网线的连接。将红外半球摄像机的网络接入网络硬盘录像机的POE1口，红外筒形摄像机的网络接入网络硬盘录像机的POE2口，红外阵列筒形摄像机的网络接入网络硬盘录像机的POE3口，网络智能高速球摄像机的网络接入网络硬盘录像机的POE4口；网络硬盘录像机LAN输出网口和电脑PC网口分别接入24口交换机的任意网络口，网络硬盘录像机的VGA口接入监视器的VGA接口，如图4-20所示。

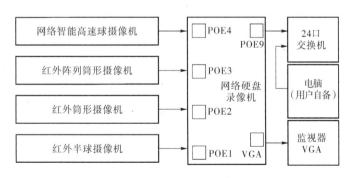

图4-20 网络视频监控接线框图

（2）视频电源连接。网络智能高速球摄像机的电源为AC 24 V，网络硬盘录像机、监视器、24口交换机的电源为AC 220 V。

4.3.2 新型网络视频监控系统的设置与操作

新型网络视频监控系统是传统网络视频监控系统的改进版。传统网络视频监控系统的传输方式采用同轴电缆,而新型网络视频监控系统采用网线,软件界面直观,设置简单,现在市场上的视频监控系统大都是此类监控系统。

1. 系统设置与操作

1) 激活网络摄像机

网络摄像机首次使用时需要通过客户端软件或浏览器方式激活并设置登录密码,才能正常登录和使用。

(1) 通过客户端软件激活。

① 安装随机光盘或从官网下载的客户端软件,运行软件后,在控制面板中单击"设备管理"图标,弹出"设备管理"窗口,如图4-21所示。单击"在线设备",自动搜索局域网内的所有在线设备,列表中会显示设备类型、IP、安全状态、设备序列号等信息。

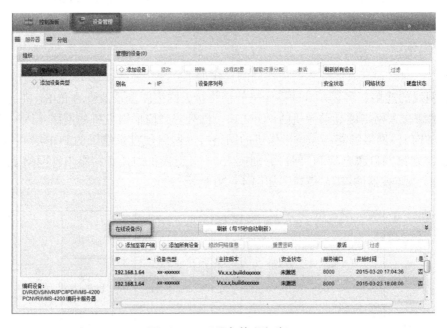

图4-21 "设备管理"窗口

② 选中处于未激活状态的网络摄像机,单击"激活"按钮,弹出"激活"对话框,如图4-22所示。在"密码"文本框中输入密码"admin12345",单击"确定"按钮即可。成功激活摄像机后,列表中该设备的"安全状态"栏更新为"已激活"。

③ 选中已激活的网络摄像机,单击"修改网络参数"按钮,在进入的界面中修改网络摄像机的 IP 地址(摄像机 IP 地址默认改为 192.168.1~192.168.254)、网关等信息。完成修改后输入激活设备时设置的密码,单击"确定"按钮,弹出"修改参数成功"的提示,表示 IP 等参数设置生效。若网络中有多台网络摄像机,则重复修改网络摄像机的 IP 地址、

子网掩码、网关等信息的操作步骤,以防 IP 地址冲突导致异常访问。设置网络摄像机 IP 地址时,应保持设备 IP 地址与计算机 IP 地址处于同一网络内。

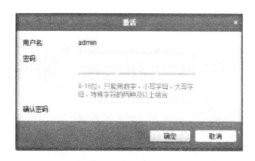

图 4-22 "激活"对话框

(2)通过浏览器激活。

① 设置电脑 IP 地址与网络摄像机 IP 地址在同一网段,在浏览器中输入网络摄像机的 IP 地址,弹出设备"激活"对话框,在"密码"文本框中输入"admin12345"。

② 如果网络中有多台网络摄像机,则需修改网络摄像机的 IP 地址,防止 IP 地址冲突导致网络摄像机访问异常。登录网络摄像机后可以在"配置-网络-TCP/IP"界面下修改参数。

2)添加网络摄像机

(1) POE 摄像机的添加。

① 在主菜单中选择"通道管理"命令,进入"通道管理"界面,在界面左侧选择通道配置"选项,进入"通道配置"界面,如图 4-23 所示。

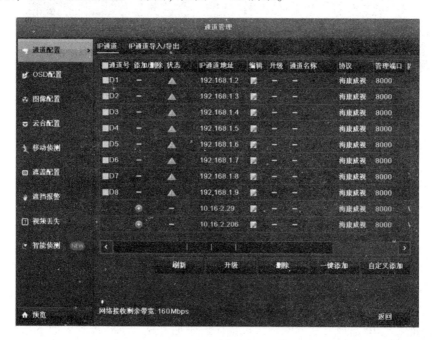

图 4-23 "通道管理"界面

② 编辑 IP 通道。单击需要编辑的通道的"编辑"图标或双击该通道,进入"编辑 IP 通道"界面,如图 4-24 所示,添加方式选择"即插即用"命令,将 IP 通道连接到独立的 100 M 以太网口或带 POE 供电的独立的 100 M 以太网口上。

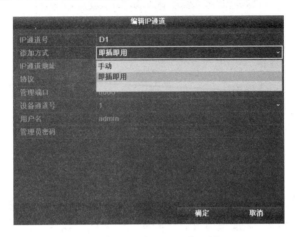

图 4-24　"编辑 IP 通道"界面

③ 连接设备。设备自动修改独立以太网口 IP 设备的 IP 地址,并成功连接,如图 4-25 通道 D1 所示。

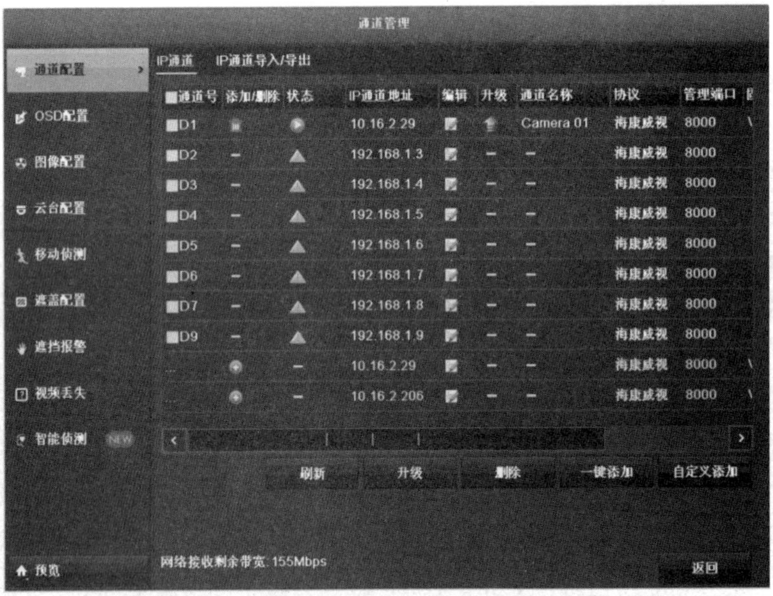

图 4-25　IP 通道 D1 即插即用添加成功界面

(2) 非 POE 摄像机的添加。

在"编辑 IP 通道"界面的添加方式选择"手动"命令。

将设备接入与 IP 通道互联的网络,选择协议添加方式"通道配置界面下添加 IP 通道"。输入 IP 通道地址(摄像机 IP 地址)、协议("海康威视"摄像机默认为"海康威视",其他厂家摄像机选择"ONVIF")、管理端口("海康威视"摄像机默认为"8000",其他厂家摄像机选择"80")、用户名(摄像机激活时的用户名)、密码(摄像机激活时的密码为"admin12345"),设备通道号为"1"。单击"添加"按钮,IP 设备被添加到 NVR(网络硬盘录像机)上。

3)云台的设置及控制

(1)在"通道管理"界面的左侧选择"云台配置"选项,进入"云台配置"界面,如图 4-26 所示。

图 4-26 "云台配置"界面

(2)单击"云台参数配置"按钮,进入"云台参数配置"界面,如图 4-27 所示。

(3)在预览画面下选择预览通道便捷菜单的"云台控制"命令,进入云台控制模式,如图 4-28 所示。

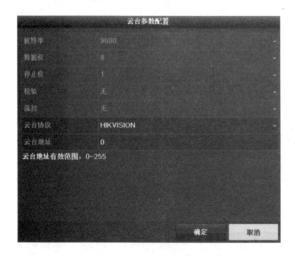

图 4-27 "云台参数配置"界面

图 4-28 "云台控制"界面

4）预置点设置及调用

（1）预置点的设置。

在"云台配置"界面使用云台方向键将图像旋转到需要设置预置点的位置；在"预置点"文本框中输入预置点号，如图4-29所示；单击"预置点"栏下的"设置"按钮，完成预置点的设置。

图4-29 预置点设置界面

重复以上操作可以设置更多预置点。

（2）预置点的调用。

在"云台配置"界面单击"PTZ"按钮，或者在预览模式下选择通道便捷菜单"云台控制"命令，或者按下前面板、遥控器、键盘的"云台控制"键，进入云台控制界面。在"常规控制"界面输入预置点号，如图4-30所示；单击"调用预置点"按钮，即可完成预置点调用。

重复以上操作可以调用更多预置点。

5）巡航的设置与调用

（1）巡航的设置。

在"云台配置"界面选择巡航路径，单击"巡航"栏下的"设置"按钮，添加关键点号，并设置关键点参数，包括关键点序号、巡航时间、巡航速度等，如图4-31所示；单击"添加"按钮，保存关键点。

重复以上步骤，依次添加所需的巡航点后，单击"确定"按钮，保存关键点信息并退出界面。

（2）巡航的调用。

在"云台"的"常规控制"界面选择巡航路径，单击"调用巡航"按钮，完成巡航调用；单击"停止巡航"按钮，结束巡航调用。

图4-30 云台"常规控制"

图4-31 关键点参数设置界面

6) 轨迹的设置与调用

(1) 轨迹的设置。

在"云台配置"界面选择轨迹序号,单击"轨迹"栏下的"开始记录"按钮,利用鼠标(单击鼠标控制框内8个方向按键)使云台转动,此时云台的移动轨迹将被记录;单击"结束记录"按钮,保存已设置的轨迹。

重复以上操作设置更多的轨迹线路。

(2) 轨迹的调用。

在"云台"的"常规控制"界面选择轨迹序号,单击"调用轨迹"按钮,完成轨迹调用;单击"停止轨迹"按钮,结束轨迹调用。

7) 录像设置

(1) 手动录像设置。

按设备前面板的"录像"键或在主菜单中选择"手动操作"命令,进入"手动录像"界面,在该界面设置手动录像的开启/关闭,如图4-32所示。

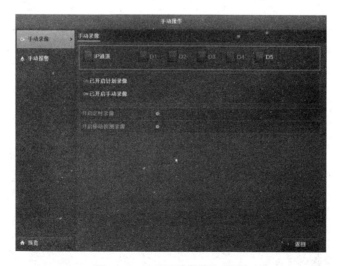
图4-32 "手动录像"界面

(2) 定时录像设置。

在主菜单中选择"录像配置"命令，进入"录像配置"界面，在界面左侧选择"计划配置"选项，进入"录像计划"界面，如图 4-33 所示。选择要设置定时录像的通道，设置定时录像时间计划表，勾选"启用录像计划"复选框，录像类型勾选"定时"，然后单击"应用"按钮，保存设置。

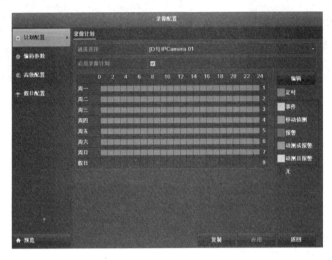

图 4-33 "录像计划"界面

2. 系统报警及联动

1) 报警输入设置

(1) 在主菜单中选择"系统配置"命令，进入"系统配置"界面，在界面左侧选择"报警配置"选项，进入"报警配置"界面。

(2) 选择"报警输入"选项，进入报警配置的"报警输入"界面，如图 4-34 所示。

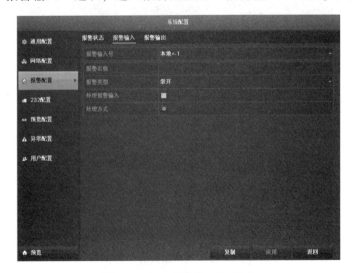

图 4-34 "报警输入"界面

（3）设置报警输入参数。其中，报警输入号用于选择设置的通道号；报警类型用于选择实际所接器件类型（门磁、红外对射属于常闭型）；勾选"处理报警输入"复选框；处理方式根据实际选择，在选择"PTZ"选项时可以进行智能球机联动。

2）报警输出设置

（1）在"报警配置"界面选择"报警输出"选项，进入报警配置的"报警输出"界面，如图4-35所示。

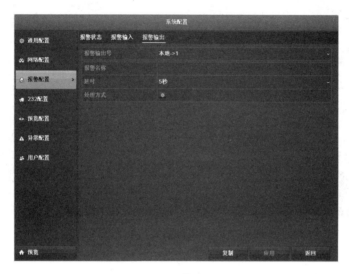

图4-35 "报警输出"界面

（2）选择待设置的报警输出号，设置报警名称和延时时间。

（3）单击"处理方式"右侧的命令按钮，进入报警输出"布防时间"界面，如图4-36所示。

图4-36 "布防时间"界面

（4）对该报警输出进行布防时间段设置。

重复以上步骤，设置整个星期的布防计划，然后单击"确定"按钮，完成报警输出的设置。

3. 智能侦测

在"通道管理"界面左侧选择"智能侦测"选项，进入"智能侦测"配置界面，用来设置人脸侦测、越界侦测、区域入侵侦测、进入区域侦测、离开区域侦测、物品遗留侦测、物品拿取侦测等，如图4-37所示。

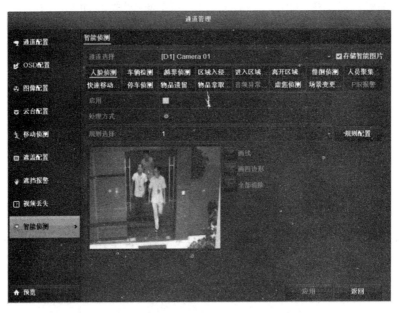

图4-37 "智能侦测"配置界面

1) 人脸侦测

人脸侦测功能用于侦测场景中出现的人脸。

(1) 在"智能侦测"配置界面单击"人脸侦测"选项卡，如图4-37所示。

(2) 设置人脸侦测规则：在"规则选择"下拉列表中选择任意规则（人脸侦测只能设置1条规则），单击"规则配置"按钮，弹出人脸侦测"规则配置"对话框，如图4-38所示；在该对话框框中设置规则的灵敏度，灵敏度有1~5挡可选，数值越小，侧脸或者不够

图4-38 人脸侦测"规则配置"对话框

清晰的人脸越不容易被检测出来，用户需要根据实际环境测试调节；单击"确定"按钮，完成对人脸侦测规则的设置。

（3）设置规则的处理方式：在"人脸侦测"选项卡中单击"处理方式"右侧的按钮，弹出"处理方式"对话框，如图4-39（a）所示；在该对话框中单击"布防时间"选项卡，设置人脸侦测的布防时间，如图4-39（b）所示；单击"处理方式"选项卡，设置报警联动方式，如图4-39（c）所示。

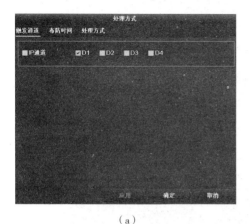
（a）

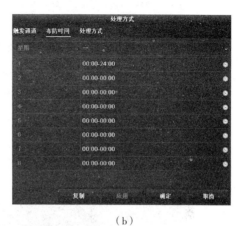
（b）

（c）

图4-39 "处理方式"对话框

(a)"触发通道"选项卡；(b)"布防时间"选项卡；(c)"处理方式"选项卡

（4）单击"确定"按钮，返回"人脸侦测"界面；单击图片右侧的"画线"或"画四边形"图标，在需要智能监控的区域应用绘制规则的区域。

（5）单击"应用"按钮，完成配置。

（6）勾选"启用"复选框，启用人脸侦测功能。

2）越界侦测

越界侦测功能可以侦测视频中是否有物体跨越设置的警戒面，根据判断结果联动报警。

（1）在"智能侦测"配置界面单击"越界侦测"选项卡，如图4-40所示。

（2）设置越界侦测规则：在"规则选择"下拉列表中选择任意规则，单击"规则配置"按钮，弹出越界侦测"规则配置"对话框，如图4-41所示；在"方向"下拉列表中设置规则的方向，其中"A→B"表示物体从A越界到B时将触发报警，"B→A"表示物体从 B 越界到 A 时将触发报警,"A↔B"表示双向触发报警;设置灵敏度控制目标物体的大小,灵敏度越高时越小的物体越容易被判定为目标物体,灵敏度越低时较大物体才会被判定为目标物体,设置区间范围为 1~100;单击"确定"按钮,完成对越界侦测规则的设置。

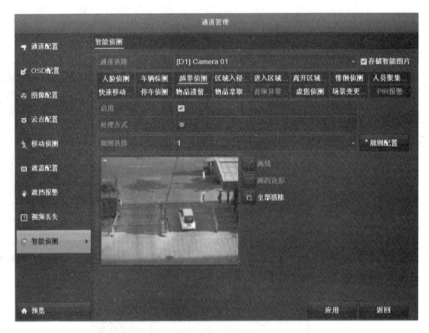

图 4-40 "越界侦测"配置界面

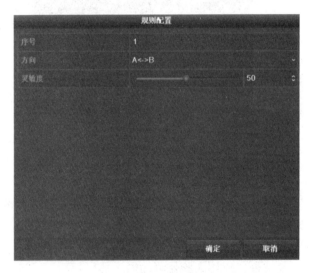

图 4-41 越界侦测"规则配置"对话框

(3) 设置规则的处理方式后,在需要智能监控的区域绘制规则区域;单击"应用"按钮,完成配置;勾选"启用"按钮,启用越界侦测功能。

3) 区域入侵侦测

区域入侵侦测功能可以侦测视频中是否有物体进入设置的区域,根据判断结果联动报警。

(1) 在"智能侦测"配置界面单击"区域入侵侦测"选项卡,如图4-42所示。

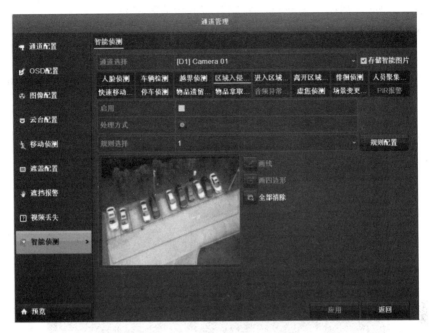

图4-42 "区域入侵侦测"配置界面

(2) 在"通道选择"下拉列表中选择需要区域入侵侦测的通道。

(3) 设置区域入侵侦测规则:在"规则选择"下拉列表中选择任意规则(区域入侵侦测可以设置4条规则),单击"规则配置"按钮,弹出区域入侵侦测"规则配置"对话框,如图4-43所示;设置时间阈值,表示目标进入警戒区域持续停留该时间后产生报警,可设置范围为1~10 s,如设置为5 s即目标入侵区域5 s后触发报警;设置灵敏度,范围为1~100;设置占比,表示目标在整个警戒区域中的比例,当目标占比超过所设置的占比值时,系统将产生报警,反之则不产生报警;单击"确定"按钮,完成对区域入侵侦测规则的设置。

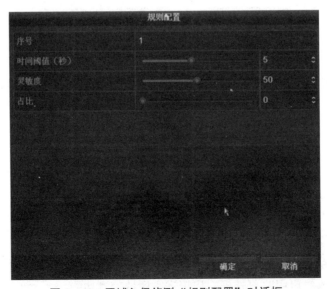

图4-43 区域入侵侦测"规则配置"对话框

(4) 设置规则的处理方式后,在需要智能监控的区域绘制规则区域,单击"应用"按钮,完成配置;勾选"启用"复选框,启用区域入侵侦测功能。

4) 进入区域侦测

进入区域侦测功能可以侦测是否有物体进入设置的警戒区域,根据判断结果联动报警。

(1) 在"智能侦测"配置界面单击"进入区域侦测"选项卡,如图4-44所示。

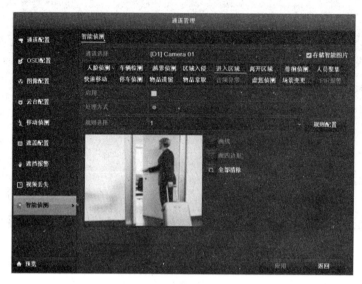

图4-44 "进入区域侦测"配置界面

(2) 在"通道选择"下拉列表中选择需要进入区域侦测的通道。

(3) 设置进入区域侦测规则:在"规则选择"下拉列表中选择任意规则(进入区域侦测可以设置4条规则),单击"规则配置"按钮,弹出区域侦测"规则配置"对话框,如图4-45所示;设置规则的灵敏度,范围为1~100;单击"确定"按钮,完成对进入区域规则的设置。

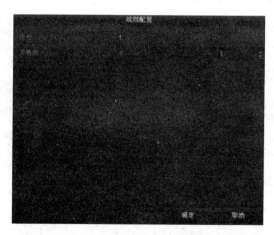

图4-45 进入区域侦测"规则配置"对话框

(4) 设置规则的处理方式后,在需要智能监控的区域绘制规则区域;单击"应用"按钮,完成配置;勾选"启用"复选框,启用进入区域侦测功能。

5）离开区域侦测

离开区域侦测功能可以侦测是否有物体离开设置的警戒区域，根据判断结果联动报警。

（1）在"智能侦测"配置界面单击"离开区域侦测"选项卡，如图4-46所示。

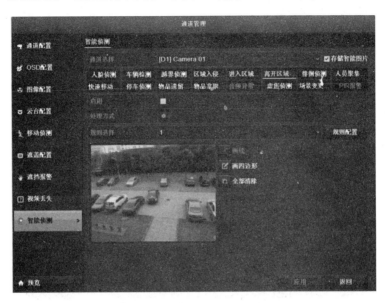

图4-46 "离开区域侦测"配置界面

（2）在"通道选择"下拉列表中选择需要离开区域侦测的通道。

（3）设置离开区域侦测规则：在"规则选择"下拉列表中选择任意规则（离开区域侦测可以设置4条规则），单击"规则配置"按钮，弹出离开区域侦测"规则配置"对话框，如图4-47所示；设置规则灵敏度，范围为1~100；单击"确定"按钮，完成对离开区域侦测规则的设置。

图4-47 离开区域"侦测规则"对话框

（4）设置规则的处理方式后，在需要智能监控的区域绘制规则区域，单击"应用"按钮，完成配置；勾选"启用"复选框，启用离开区域侦测功能。

6）物品遗留侦测

物品遗留侦测功能用于检测所设置的特定区域内是否有物品遗留，当发现有物品遗留时，相关人员可以快速对遗留的物品进行处理。

（1）在"智能侦测"配置界面单击"物品遗留侦测"选项卡，如图4-48所示。

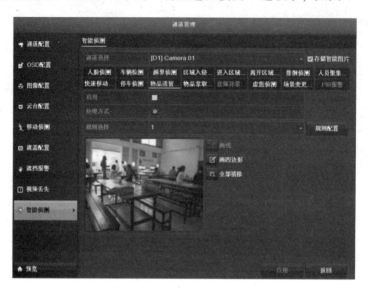

图4-48 "物品遗留侦测"配置界面

（2）在"通道选择"下拉列表中选择需要物品遗留侦测的通道。

（3）设置物品遗留侦测规则：在"规则选择"下拉列表中选择任意规则，单击"规则配置"按钮，弹出物品遗留侦测"规则配置"对话框，如图4-49所示；设置规则的时间阈值和灵敏度，时间阈值（秒）设置范围为5～3 600 s，灵敏度设置区间范围为0～100；单击"确定"按钮，完成对物品遗留侦测规则的设置。

（4）设置规则的处理方式后，在需要智能监控的区域绘制规则区域；单击"绘制"按钮，单击"应用"按钮，完成配置；勾选"启用"复选框，启用物品遗留侦测功能。

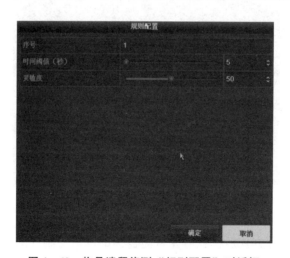

图4-49 物品遗留侦测"规则配置"对话框

7) 物品拿取侦测

物品拿取侦测功能用于检测所设置的特定区域内是否有物品被拿取，当发现有物品被拿取时，相关人员可以快速采取措施降低损失，常用于博物馆等需要对物品进行监控的场景。

（1）在"智能侦测"配置界面单击"物品拿取侦测"选项卡，如图4-50所示。

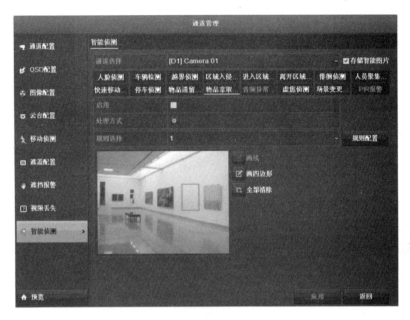

图4-50 "物品拿取侦测"配置界面

（2）在"通道选择"下拉列表中选择需要物品拿取侦测的通道。

（3）设置物品拿取侦测规则：在"规则选择"下拉列表中选择任意规则，单击"规则配置"按钮，弹出物品拿取侦测"规则配置"对话框，如图4-51所示；设置规则的时间阈值和灵敏度，时间阈值的设置范围为20~3 600 s，灵敏度的设置范围为0~100；单击"确定"按钮，完成对物品拿取侦测规则的设置。

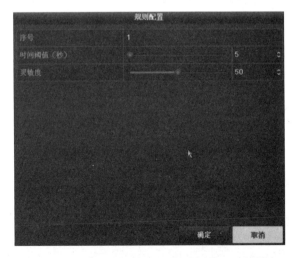

图4-51 物品拿取侦测"规则配置"对话框

（4）设置规则的处理方式后，在需要智能监控的区域绘制规则区域；单击"应用"按钮，完成配置；勾选"启用"复选框，启用物品拿取侦测功能。

复习思考题

1. 简述一般视频监控系统的组成。
2. 简述摄像机按照外形的分类。
3. 简述视频监控系统的主要设备。
4. 简述网络视频监控系统与传统视频监控系统的区别。
5. 简述网络视频监控子系统的组成。
6. 简述球形云台的主要特点。
7. 简述新型网络监控系统中"进入区域侦查"界面的设置方法。

项目 5

消防联动控制系统

教学目的

通过"教、学、做合一"的模式,使用任务驱动的方法,使学生认识火灾报警的重要性,理解消防联动控制系统的组成与工作原理,掌握消防联动控制系统的安装与调试方法。

教学重点

讲解重点——消防联动控制系统的主要模块。
操作重点——消防联动控制系统的安装与调试。

教学难点

理论难点——火灾报警控制器的联动编程。
操作难点——消防联动控制系统的布线。

5.1 任务1　消防联动控制系统的认知

学习目标

(1) 了解消防联动控制系统的各个组成模块。
(2) 认识消防联动控制系统各个模块的外观。
(3) 了解消防联动控制系统各个模块的功能参数和安装效果。

5.1.1　消防联动控制系统概述

消防联动系统是火灾自动报警系统中的重要组成部分，通常包括消防联动控制器、消防控制室显示装置、传输设备、消防电气控制装置、消防设备应急电源、消防电动装置、消防联动模块、消防栓按钮、消防应急广播设备、消防电话等设备和组件。《火灾自动报警系统设计规范（GB 50116—2013）》对消防联动控制的内容、功能和方式有明确的规定。

典型的消防联动系统如图5-1所示。

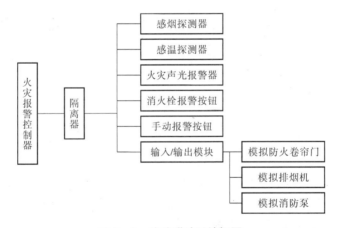

图5-1　消防联动系统框图

1. 消防设施

消防设施有自动灭火系统、火警自动报警系统、消火栓系统、消防电梯、消防应急广播、消防应急照明等。其中，自动灭火系统包括自动喷水灭火、气体灭火和泡沫灭火等，火灾自动报警系统包括感烟式、感温式、感光式和红外式等。

2. 火灾报警系统的组成

火灾报警系统一般由火灾探测报警器件、火灾报警装置、火灾警报装置和电源4个部分构成。复杂的系统还包括消防设备的控制系统。

1) 火灾探测报警器件

火灾探测报警器件是能对烟、温度、火焰辐射、气体浓度等火灾参数进行响应并自动产生火灾报警信号的器件。

传统的火灾探测报警器当被探测参数达到某一值时报警，常被称为阈值火灾探测报警器或开关量火灾探测报警器。近年来出现了模拟量火灾探测报警器，它输出的信号不是开关量信号，而是所感应火灾参数值的模拟量信号或与其等效的数字量信号，没有阈值，相当于一个传感器。

另一类火灾探测报警器件是手动按钮，它由发现火灾的人员用手动方式进行报警。

2) 火灾报警装置

火灾报警装置是用以接收、显示和传递火灾报警信号，并能发出控制信号和具有其他辅助功能的控制设备。火灾报警控制器能够为火灾探测器提供电源，接收、显示和传输火灾报警信号，并向自动消防设备发出控制信号，是火灾自动报警系统的核心部分。中继器、区域显示器、火灾显示盘等装置可以作为火灾报警控制器的演变或补充，在特定条件下应用，与火灾报警控制器同属火灾报警装置。

3) 火灾警报装置

火灾警报装置是火灾自动报警系统中用以发出区别于周围环境的火灾警报信号的装置，它以特殊的声、光等信号向警报区域发出火灾警报信号，以警示人们采取安全疏散、灭火救灾的措施。

在火灾自动报警系统中，当接收到火灾报警信号后，能自动或手动启动相关消防设备并显示其状态的设备称为消防控制设备，主要包括接收火灾报警控制器控制信号的自动灭火系统的控制装置、室内消火栓系统的控制装置、防排烟及空调通风系统的控制装置、常开防火门或防火卷帘的控制装置、电梯回降控制装置，以及火灾应急广播、火灾警报装置、消防通信设备、火灾应急照明与疏散指示标志等。消防控制设备一般设置在消防控制中心，以便于集中统一控制。有的消防控制设备设置在被控消防设备所在现场，但其动作信号必须返回消防控制中心，实行集中与分散相结合的控制方式。

火灾自动报警与消防联动控制系统的供电应采用消防电源，备用电源采用蓄电池。

5.1.2　消防联动控制系统的主要模块

消防联动控制系统由火灾探测器、火灾报警控制器、总线隔离器、手动火灾报警按钮、消火栓按钮、讯响器、智能光电感烟探测器、智能电子差定温感温探测器、单输入/单输出模块和光电开关等模块组成。

1. 火灾探测器

1) 火灾探测器的类型

火灾探测器按探测火灾参数的不同可分为感烟式、感温式、感光式、气体探测式和复合式 5 种主要类型。

(1) 感烟式火灾探测器。

感烟式火灾探测器响应燃烧产生的固体或液体微粒,可以探测物质初期燃烧所产生的气溶胶或烟雾粒子浓度。气溶胶或烟雾粒子可以减小探测器电离室的离子电流,改变光强、空气电容器的介电常数或半导体的某些性质,因此感烟火灾探测器又可分为离子型、光电型、电容式或半导体型等。

(2) 感温式火灾探测器。

感温式火灾探测器响应异常温度、温升速率和温差等火灾信号,有定温型(环境温度达到或超过设定值时响应)、差温型(环境温度上升速率超过预定值时响应)和差定温型(兼有差温和定温功能)3 种类型。感温式火灾探测器使用的敏感元件主要有热敏电阻、热电偶、双金属片、易熔金属、膜盒和半导体材料等。

感温式火灾探测器具有结构简单、可靠性高的优点,但灵敏度较低。

(3) 感光式火灾探测器。

感光火灾探测器又称火焰探测器,主要响应火焰辐射出的红外光、紫外光、可见光,常用的有红外火焰型和紫外火焰型两种类型。

(4) 气体探测式火灾探测器。

气体探测式火灾探测器主要用于易燃易爆场所可燃气体、粉尘的浓度的探测,一般调整在爆炸浓度下限的 1/6~1/5 时发出报警,其主要传感元件有铂丝、铂钯和金属氧化物半导体等。

可燃气体探测器主要用于厨房、燃气储备间、汽车库、溶剂库等存在可燃气体的场所。

(5) 复合式火灾探测器。

复合式火灾探测器是可以响应两种或两种以上火灾参数的火灾探测器,主要有感温感烟型、感光感烟型、感光感温型等。

2) 火灾探测器的工作原理

(1) 离子感烟火灾探测器。

离子感烟火灾探测器是利用烟雾粒子改变电离室电离电流的原理制成的,是目前应用最广泛的探测器。如图 5-2 所示,两个极板分别接在电源的正负极上,在电极之间放有 α 粒子放射源镅241,它持续不断地放射出 α 粒子,α 粒子以高速运动撞击极板间的空气分子,使空气分子电离为正离子和负离子(电子),从而使电极之间原来不导电的空气具有导电性,实现这个过程的装置称为电离室。在电场作用下,正负离子有规则的运动形成离子电流。当火灾发生时,烟雾粒子进入电离室,电离产生的正离子和负离子被吸附在烟雾粒子上,正负离子相互中和的概率增加,使到达电极的有效离子数减少;另一方面,由于烟雾粒子的作用,α 射线被阻挡,电离能力降低,电离室内产生的正负离子的数量也减小,导致电离电流减小,因此检测离子电流的变化即可检测火灾是否发生。

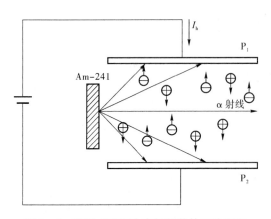

图 5-2 离子式感烟火灾探测器的工作原理

按构造来分,离子式感烟探测器有双源双室和单源双室之分,它利用放射源制成敏感元件,并由内电离室 KR、外电室 KM 及电子线路或编码线路构成。双源双室探测器是由两块性能一致的放射源片(配对)制成互相串联的两个电室及电子线路组成的火灾探测装置。一个电室开孔称为采样电离室(或称为外电室),烟可以顺利进入,另一个是封闭电离室,称为参考电离室(或内电离室),烟无法进入仅能与外界温度相通。单源双室探测器是由一块性能一致的放射源片(配对)制成互相串联的两个电室及电子线路组成的火灾探测装置。

① 双源双室式离子感烟火灾探测器。

双源双室式离子感烟火灾探测器的电路原理和工作特性如图 5-3 所示,开室结构的检测电离室和闭室结构的补偿电离室反向串联。当检测室因烟雾作用而使离子电流减小时,相当于该室极板间的等效阻抗加大,而补偿室的极板间等效阻抗不变,施加在两电离室上的电压分压 U_1 和 U_2 发生变化。无烟雾时,两个电离室电压分压 U_1、U_2 都等于 12 V;当烟雾使检测室的电离电流减小时,等效阻抗增加,U_1 减小为 U_1',U_2 增加为 U_2',$U_1' + U_2' = 24$ V。开关电路检测电压 U,当 U 增加到某一定值时,开关控制电路动作,发出报警信号,此信号传输给报警器,实现火灾自动报警。

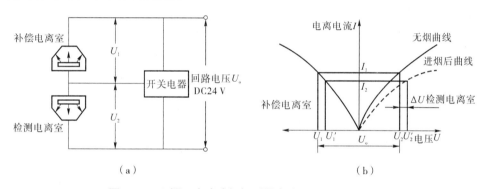

图 5-3 双源双室式感烟探测器电路原理和工作特性
(a) 电路原理;(b) 工作特性曲线

② 单源双室离子感烟火灾探测器。

上例中两个电离室各有一个 α 离子发射源,称为双源双室式离子感烟火灾探测器,在我国已大量生产并广泛应用。但目前单源双室式离子感烟火灾探测器正在逐渐取代双源双室式感烟火灾探测器。单源式离子感烟火灾探测器的工作原理与双源双室式基本相同,但结构形式不同,其结构示意和工作特性如图 5-4 所示。单源双室感烟火灾探测器的特点是:检测电离室与参考电离室比例相差较大,补偿室小,检测室大;两室基本是敞开的,气流互通,检测室与大气相通,补偿室则通过检测室间接与大气相通;两室共用一个放射源。

放射源发射的 α 射线经过参考电离室后穿过位于两室中间电极上的一个小孔进入检测电离室,两室中的空气部分被电离,分别形成空间电荷区。由于放射源的活度是一定的,中间电极上的小孔面积也是一定的,从小孔进入检测室电离的 α 离子也是一定的且正常情况下不受环境影响,因此电离室的电离平衡是稳定的,图 5-4(b)工作特性曲线图中曲线 1,3 交点处的电压 U_0 为中间电极对地电压,U_i 为内部电极与中间电极之间的电位差,$U_0 + U_i = U_s$。当火灾发生时,烟雾粒子进入检测电离室,检测室空气的等效阻抗增加,工作特性变为曲线 2,而参考电离室的工作特性 3 不变。中间电极的对地电压变为曲线 2 与曲线 3 交

点处对应的电压 U'_o,显然 U'_o 增加,U'_i 减小,$U'_o + U'_i = U_s$。中间极板上的电压 U_o 的变化量 ΔU,当其超过某一阈值时产生火灾报警信号。

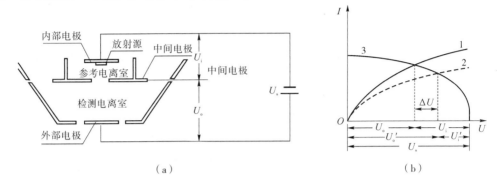

图 5-4　单源双室离子感烟火灾探测器
(a) 结构示意图;(b) 工作特性曲线
1: 无烟时检测电离室特性;2: 有烟时检测电离室特性;3: 参考电离室特性

③ 单源与双源的比较。

单源双室离子式感烟火灾探测器与双源双室离子式感烟火灾探测器相比,具有以下几个优点。

a. 单源双室离子感烟火灾探测器的两个电离室处在一个相通的空间,只要二者的比例设计合理,就既能保证在火灾发生时烟雾进入检测室后迅速报警,又能保证在环境变化时两室同时变化,从而避免参数的不一致。其工作稳定性好,环境适应能力强,对温度、湿度、气压和气流等环境因素的慢变化有较好的适应性,对快变化的适应性更好,提高了抗湿和抗温性能。

b. 单源双室离子感烟火灾探测器增强了抗灰尘、抗污染的能力。当灰尘轻微地沉积在放射源的有效发射面上,导致放射源发射的 α 粒子能量强度明显变化时,会引起工作电流变化,补偿室和检测室的电流均会变化,检测室的分压变化不明显。

c. 一般双源双室离子感烟火灾探测器是通过调整电阻的方式实现灵敏度调节的,而单源双室离子感烟火灾探测器是通过改变放射源的位置来改变电离室的空间电荷分布,即源电极和中间电极的距离连续可调,可以比较方便地改变检测室的静态分压,实现灵敏度调节。这种灵敏度调节连续而且简单,有利于探测器响应阈值的一致性。

d. 单源双室只需要一个更弱的 α 放射源,比双源双室的电离室放射源强度减少一半,而且克服了双源双室两个放射源难以匹配的缺点。

(2) 光电式感烟火灾探测器。

根据烟雾对光的吸收作用和散射作用,光电式感烟火灾探测器分为散射光式和减光式两种类型。

① 散射光式光电感烟火灾探测器。

散射光式光电感烟火灾探测器原理示图 5-5 所示。当无烟雾时,发光元件发射一定波长的光线直射到发光原件对应的暗室壁上,安装在侧壁上的受光元件不能感受到光线。当火灾发生时,烟雾进入检测暗室,光线在前进过程中照射在不规则分布的烟雾粒子上产生散射,散射光的不规则性使一部分散射光照射到受光元件上,烟雾粒子越多,照射到受光元件上的散射光就越强,产生的光电信号也越强。当烟雾粒子浓度达到一定值时,散射光的能量足以产生一定大小的电流，从而激励外电路发出火灾信号。

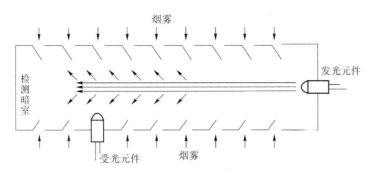

图 5-5 散射光式光电感烟火灾探测器的工作原理

散射光式光电感烟火灾探测器只适用于点型探测器结构，其遮光暗室中发光元件与受光元件的夹角为 90°~135°，夹角越大，灵敏度越高。不难看出，散射光式光电感烟火灾探测器用一套光系统作为传感器，将火灾产生的烟雾对光特性的影响用电的形式表示出来并加以利用。由于光学器件特别是发光元件的寿命有限，因此在电－光转换环节采用间歇供电方式，即用振荡电路使发光元件产生间歇式脉冲光，一般发光时间为 10 μs~10 ms，间歇时间 3~5 s。发光元件和受光元件多采用红外光元件，即砷化镓二极管（发光峰值波长 0.94 μm）与硅光敏二极管配对。散射光式感烟火灾探测器一般能够灵敏探测粒径 0.9~10 μm 的烟雾粒子，而对 0.01~0.9 μm 的烟雾粒子浓度变化无反应。

② 减光式光电感烟火灾探测器。

减光式光电感烟火灾探测器的受光元件安装位置与散射光式光电感烟火灾探测器不同，是放在与发光元件正对的位置上，如图 5-6 所示。进入光电检测暗室内的烟雾粒子对光源发出的光产生吸收和散射作用，使通过烟雾后的光通量减少，从而使受光元件上产生的光电流降低。光电流相对于初始标定值的变化量反映了烟雾的浓度，通过电子线路对火灾信息进行阈值比较、放大、判断、数据处理或数据对比计算，发出相应的火灾信号。

（3）感温式火灾探测器。

感温式火灾探测器按其作用原理分为定温式、差温式和差定温式 3 类。定温式火灾探测器在温度达到或超过预定值时响应，差温式火灾探测器在升温速率达到预定值时响应，差定温式火灾探测器兼有差温和定温两种功能。感温火灾探测器按其感温效果和结构形式分为点型和线型两类，点型又分为定温、差温、差定温 3 种，而线型又分为缆式定温和空气管式差温两种。下面介绍定温式火灾探测器。

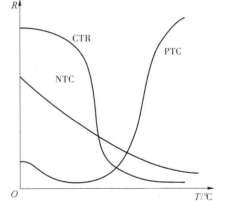

图 5-6 各种热敏电阻的温度特性曲线

火灾发生后探测器的温度上升，探测器内的温度传感器感受火灾温度的变化，当温度达到报警阈值时，探测器发出报警信号，这种形式的探测器即为定温式火灾探测器。

定温式火灾探测器因温度传感器不同又可分为多种，如热敏电阻型、双金属片型、易熔合金型等。

① 热敏电阻是一种半导体感温元件，有负温度系数（NTC）热敏电阻、正温度系数（PTC）热敏电阻和临界温度（CTR）热敏电阻，其特性曲线如图 5-6 所示。

从图中可以看到，用 CTR 与 PTC 热敏电阻构成热控开关较为理想，而 NTC 型热敏电阻的线性度更好。

热敏电阻的特点是：电阻温度系数大，因而灵敏度高，测量电路简单；体积小、热惯性小；自身电阻大，线路电阻可以忽略，适于远距离测量。热敏电阻的缺点是稳定性较差和互换性差，但现在生产的热敏电阻的稳定性和互换性都已经有了很大提高，完全可以用作感温式火灾探测器的传感器。

② 双金属片是将两种不同热膨胀系数的金属片构造在一起，当温度升高时，两种材质的金属片都将受热变形，但因其膨胀系数不同，两者的变形程度不同，从而产生一个变形力，当温度达到某一定值时，用其带动导电触点的闭合或断开来实现报警。圆筒状双金属定温火灾探测器结构如图 5-7 所示，外筒由高膨胀系数的不锈钢片制成，筒内两条低膨胀系数的铜合金金属片各带一个电接点，常温时铜合金金属片的长度使中间部分隆起，电接点断开，金属片的两端固定在不锈钢筒的两端。当火灾发生时温度升高，不锈钢的热膨胀系数高于铜合金金属片，因此变形大，不锈钢筒的两端伸长，而铜合金金属片变形小，但两端随不锈钢筒变形而拉紧，使中间的隆起消失，电接点闭合，发出报警信号。

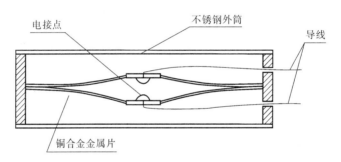

图 5-7 圆筒状双金属定温火灾探测器的结构

2. 火灾报警控制器

火灾报警系统随时监视和感知可能出现的火灾灾情，其中火灾探测器是系统的"感觉器官"，火灾报警控制器则是整个系统的中枢和核心。

1) 火灾报警控制器的功能

火灾报警控制器具有以下功能：

（1）为火灾探测器提供电源；

（2）接收火灾探测器发出的火灾信号，在火灾发生时进行声光报警，指示火灾部位并记录报警信息；

（3）通过火警发送装置启动火灾报警信号，或者通过自动消防灭火控制装置启动自动灭火设备和消防联动设备。

（4）具有自检功能，能够自动监视系统的工作状况，在特定故障发生时发出声光警报信号。

2) 火灾报警器的分类

火灾报警控制器按结构型式一般分壁挂式、台式和柜式 3 种。火灾报警控制器通常按其用途和设计使用要求不同分为区域火灾报警控制器、集中式火灾报警控制器和通用火灾报警控制器 3 类。

火灾自动报警系统的保护对象多种多样，建筑规模大小不一，小的面积只有几十或几百平方米，大的面积可达几千平方米或几万平方米，甚至十几万平方米，为了便于早期发现和通报火灾，也便于系统的日常维护和管理，在进行火灾自动报警系统设计时，一般要将其保护对象的范围划分为若干个分区，即报警区域，再将每个报警区域划分为若干个单元，即操作区域，从而在火灾发生时迅速准确地确定灾情部位，以便有关人员及时采取有效措施。

(1) 区域火灾报警控制器。

报警区域是将火灾自动报警系统的警戒范围按防火分区或楼层划分的部分，设在该报警区域的火灾报警控制器为区域火灾报警控制器。

区域火灾报警控制器直接连接火灾探测器，处理各种报警信息并将报警信息送给集中式火灾报警控制器。

(2) 集中式火灾报警控制器。

一般整个报警系统应设一台集中式火灾报警控制器。集中式火灾报警控制器下层应有两台及两台以上的区域火灾报警控制器，或者设置两台及两台以上的区域显示器。区域显示器不与火灾探测器相连，只按时收集集中式火灾报警控制器的火灾信息，显示本报警区域内的火灾部位，并进行声光报警。

集中式火灾报警控制器接收区域火灾报警控制器或火灾探测器的火灾报警信号，对其进行分析处理，并控制火灾报警装置，启动自动灭火设备和火灾联动设备。

集中式火灾报警控制器是一套计算机控制系统。在采用模拟量火灾探测器的智能火灾报警系统中，集中控制器随时对探测器输入的模拟信号进行智能化的分析处理，以判别是否发生火灾。信号处理系统需要建立一个适用于探测器所在环境的特征模型，以补偿各种环境干扰和灰尘积累对探测器灵敏度的影响，通过软件编辑实现图形显示、键盘控制、翻译，以及时钟、存储、密码、自检联动、连网等多种功能。

(3) 通用火灾报警控制器。

通用火灾报警控制器兼有区域火灾报警控制器和集中式火灾报警控制器的特点，它可以通过设置或修改（硬件或者软件）成为区域火灾报警控制器或集中式火灾报警控制器。

3) 火灾报警控制器的系统结构

较小的火灾报警控制系统监控的范围比较小，当只需要火警信号预报时，通常只需使用一台区域火灾报警控制器即可；当需要消防联动时，应使用一台集中火灾报警控制器；当防范区域较大时，则需要一台集中报警控制器和多台报警控制装置构成。

近年来，随着火灾报警技术的发展和模拟量、总线制、智能化火灾探测报警系统的广泛应用，报警控制器已不再严格分为区域火灾报警控制器与集中式火灾报警控制器，而通称为火灾报警控制器，根据所能接收探测器的回路数或点数多少而适用于不同火灾报警场合，需要联动控制时配上联动控制盘即可。

火灾报警控制器是由单片机、存储器、操作输入接口、显示接口、数据输出接口电路和串行通信接口电路构成，如图 5-8 所示。

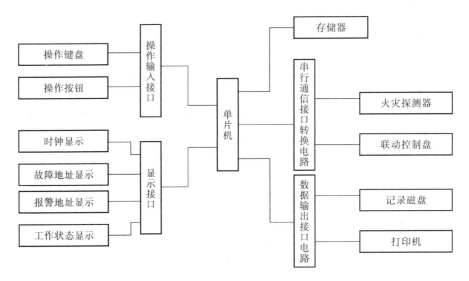

图 5-8　火灾报警控制器结构框图

单片机是系统的中央处理机构，它在一块芯片内集成了 CPU、随机存储器（Random Access Memory，RAM）、只读存储器（Read Only Memory，ROM）、串行接口、并行接口、中断管理器等，从而构成一个小型计算机系统。有些单片机还集成了直接存储器存取（Direct Menory Access，DMA）、显示接口、网络控制功能等。

ROM、RAM 为内存单元扩展，ROM 为固化系统程序的只读存储器，RAM 为数据处理时临时存储数据的随机存储器。由于单片机内的 ROM、RAM 有限，不能满足系统要求，因此需要进行扩展。

单片机内配有一定的并行接口，但要被系统的数据总线、地址总线和控制总线占用，且驱动能力有限，所以片外需要进行并行接口扩展，以便与控制器面板上的操作键盘和控制按钮等输入信号，以及数码显示器和状态指示灯等输出器件相接。一般控制器设有 2~3 个数码显示器，显示当前时钟、火警地址和故障探测器地址等。

火灾报警控制器与火灾探测器、联动控制盘的通信一般采用 RS485 串行通信，而单片机内的串行通信采用 RS232 接口，因此需要设置串行通信接口转换电路。

记录磁盘为存储火灾报警控制器的操作状态、报警状态等信息的设备，有些像"黑匣子"，以备进行工作分析和事故分析时使用。

模拟量火灾报警控制器为智能报警系统，对模型有自修正、自适应、模糊逻辑分析和判断功能，大大提高了系统的可靠性，减少了系统的误报率，其工作流程图和火灾报警系统示意如图 5-9 所示。图 5-9（b）中的系统不使用区域火灾报警控制器，为了使各防火分区或每层楼层的管理人员能够了解本区域的火灾信息，设有报警显示器，以显示报警状态。

目前的火灾报警控制器采用二总线制，由控制器到探测器接出两条线，作为探测器的电源线和信号传输线，将信号加载在电源上进行传输。

为了避免同一回路上的某一条短路引起整个回路瘫痪，一般在每个支路与回路连接处增加一个总线隔离器。

集散控制型火灾报警系统是 20 世纪 90 年代末在我国市场上出现的,是计算机集散控制系统理论与计算机网络通信技术相结合的产物。它由工作总站、工作子站和联动子站组成,系统框图如图 5-10 所示。

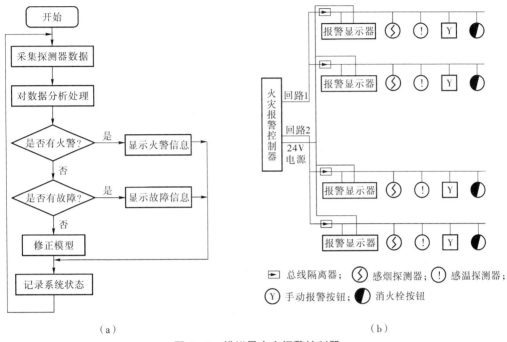

图 5-9 模拟量火灾报警控制器

(a) 工作流程图;(b) 系统示意图

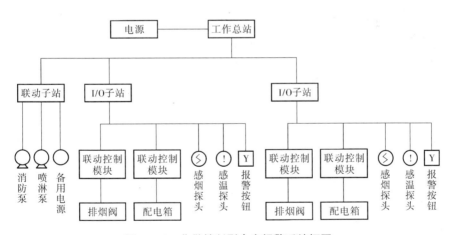

图 5-10 集散控制型火灾报警系统框图

集散控制系统将一个较大的控制系统按照一定的规律分解为若干个相对独立的子系统(又称工作子站),每个子系统采用一个计算机系统进行控制,用于完成本子系统内的现场检测、报警和控制任务。报警中心设有中央监控计算机,用于完成对各子系统之间的任务协调,监视和指挥各子系统计算机的工作,又称工作主站。集中管理和分散控制是集散控制系统的主要特征。

(1) 工作主站是由中央监控计算机构成的火灾自动报警控制器,它是操作人员与控制系统之间的操作界面，操作人员通过它了解整个系统的工作状态，向各个子站下达控制命令。工作主站的人机对话界面采用液晶显示屏，信息量比 LED 数码显示要大得多。通过操作键盘和液晶屏，操作人员可以设置和调整时钟、日期，建立和修改联动关系表，进行报警点和联动点的登记、清除、屏蔽和释放，查询报警、故障记录或系统各点的工作状态，检查并分析某个探测点的模拟量曲线等。

（2）工作子站是一个小型的报警控制器，一般分为 I/O 子站和联动子站两种类型。I/O 子站通过二总线直接与探测器、联动控制模块相接，用于采集本子系统内各探测器的模拟信号，并将其转化为数字信号；检查系统内的手动报警按钮，输入模块的报警状态等信号，并将这些数据传送给工作主站，即从总站接收控制命令，将其转化为操作数据后下达给执行任务的操作模块。联动子站是用于控制重要消防联动设备的子系统，如消防泵房、空调机房、变配电室等重要地点的火灾联动设备。联动子站与每台控制设备之间的控制线直接相连，在联动子站的盘面上设有手动控制按钮，对连接到子站上的联动设备直接进行启/停控制，通过相应的指示灯进行显示，从而监控联动设备的运行状态。

子站与主站之间的连线通常为 4 条，即两条电源线和两条信号线，一般采用 RS485 总线进行串行通信。

集散控制系统将控制检测任务按功能和区域进行分解，各子系统相互独立，大大提高了系统的可靠性和开放性。

可靠性体现在任何一个子站的故障都不会引起整个系统的瘫痪，即使是总站发生临时故障，各子站仍然可以按照原指令完成子系统内的工作。

系统的开放性体现在功能的可扩展性和系统容量的可扩展性。集散控制型火灾报警系统是一个标准的网络系统，其工作主站对各子站的功能并没有特殊的限定，只要子站的数据结构方式、数据传递方式和通信协议方式与系统的通信标准符合即可联机入网，消防广播系统、消防电话通信系统、气体灭火系统等只要配以相应的标准通信接口和软件即可连入总系统；系统开放性的另一方面是指系统容量的可扩展性，自然系统可以方便地增加子站进行容量扩展。

4）GST - 200 火灾报警控制器

JB - QB - GST - 200 火灾报警控制器（联动型）是海湾公司推出的新一代火灾报警控制器，其外形如图 5 - 11（a）所示，它兼有联动控制功能，可以与海湾公司的其他产品配套使用，组成配置灵活的报警联动一体化控制系统，具有较高的性价比，适用于中小型火灾报警及消防联动一体化控制系统。

（1）GST - 200 的功能特点。

GST - 200 具有以下特点：①配置灵活，可靠性高；②功能强，控制方式灵活；③智能化操作，简单方便；④窗口化、汉字菜单式显示界面；⑤全面的自检功能；⑥配备智能化手动消防启动盘；⑦独立的气体喷洒控制密码和联动公式编程；⑧配接汉字式火灾显示盘；⑨供电电源为低压开关电源，充电部分采用开关恒流定压充电。

（2）GST - 200 的操作盘面板。

GST - 200 的显示操作盘面板由指示灯区、液晶显示屏及按键区 3 部分组成，如图 5 - 11（b）所示。

消防联动控制系统 项目 5

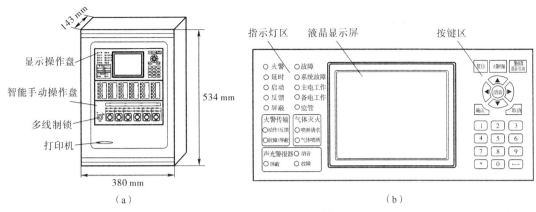

图 5-11 GST-200 火灾报警控制器
(a) 外形；(b) 显示操作盘面板

GST-200 操作盘面板上的指示灯说明见表 5-1。

表 5-1 GST-200 的指示灯说明

指示灯名称	指示灯颜色	指示灯功能
火警灯	红色	此灯点亮表示控制器检测到外接探测器、手动报警按钮等处于火警状态；控制器进行复位操作后，此灯熄灭
延时灯	红色	指示控制器处于延时状态
启动灯	红色	当控制器发出启动命令时，此灯闪烁；在启动过程中，当控制器检测到反馈信号时，此灯常亮；控制器进行复位操作后，此灯熄灭
反馈灯	红色	此灯点亮表示控制器检测到外接被控设备的反馈信号；反馈信号消失或控制器进行复位操作后，此灯熄灭
屏蔽灯	黄色	有设备处于被屏蔽状态时，此灯点亮，此时报警系统中被屏蔽设备的功能丧失；控制器没有屏蔽信息时，此灯自动熄灭
故障灯	黄色	此灯点亮表示控制器检测到外围设备（探测器、模块或火灾显示盘）有故障或控制器本身出现故障；除总线短路故障需要手动清除外，其他故障排除后可自动恢复；当所有故障被排除或控制器进行复位操作后，此灯熄灭
系统故障灯	黄色	此灯点亮，指示控制器处于不能正常使用的故障状态
主电工作灯	绿色	控制器使用主电源供电时点亮
备电工作灯	绿色	控制器使用备用电源供电时点亮
监管灯	红色	此灯点亮表示控制器检测到总线上的监管类设备报警；控制器进行复位操作后，此灯熄灭

115

续表

指示灯名称	指示灯颜色	指示灯功能
火警传输动作/反馈灯	红色	此灯闪烁表示控制器对火警传输线路上的设备发出启动信息；此灯常亮表示控制器接收到火警传输设备反馈回来的信号；控制器进行复位操作后，此灯熄灭
火警传输故障/屏蔽灯	黄色	此灯闪烁表示控制器检测到火警传输线路上的设备故障。此灯常亮表示控制器屏蔽火警传输线路上的设备；设备恢复正常后此灯自动熄灭
气体灭火喷洒请求灯	红色	此灯点亮表示控制器发出气体启动命令；启动命令消失或控制器进行复位操作后，此灯熄灭
气体灭火气体喷洒灯	红色	气体灭火设备喷洒后且控制器收到气体灭火设备的反馈信息后此灯点亮；反馈信息消失或控制器进行复位操作后，此灯熄灭
声光警报器屏蔽灯	黄色	指示声光警报器屏蔽状态。声光警报器屏蔽时，此灯点亮
声光警报器消音指示灯	黄色	指示报警系统内的警报器是否处于消音状态。当警报器处于输出状态时，按"警报器消音/启动"键，警报器输出停止，消音指示灯点亮；再次按下"警报器消音/启动"键或有新的警报发生时，警报器将再次输出，消音指示灯熄灭
声光警报器故障灯	黄色	指示声光警报器故障状态。声光警报器故障时，此灯点亮

(3) 智能手动操作盘面板。

智能手动操作盘面板由手动盘和多线制控制盘构成，如图 5-12 所示。

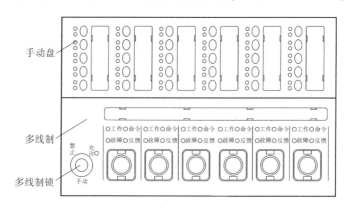

图 5-12 智能手动操作盘面板

手动盘的每个单元均有一个按键、两只指示灯和一个标签。其中，按键为启/停控制键；启动灯在上，反馈灯在下，均为红色。按下某一单元的控制键时，该单元的启动灯点亮，并有控制命令发出,如果被控设备响应,则反馈灯点亮。用户可以将各按键所对应的设备名称书写在设备标签上面,与膜片一同固定在手动盘上。

多线制控制盘的输出具有短路和断路检测功能,并有相应的灯光指示,每路输出均有相应的手动直接控制按键。整个多线制控制盘具有手动控制锁,只有手动锁处于允许状态时才能使用手动直接控制按键。

多线制控制盘采用模块化结构,由手动操作部分和输出控制部分构成,手动操作部分包含手动允许锁和手动启/停按键,输出控制部分包含6路输出。它与现场设备采用四线连接,其中两线控制启/停设备,另外两线接收现场设备的反馈信号,输出控制和反馈输入均具有检线功能,每路提供一组DC 24 V有源输出和一组无源触点反馈输入。

(4) GST-200的外接端子。

GST-200的外接端子如图5-13所示,各端子说明如下。

① L、G、N 分别接火线、地和零线。

② F-RELAY 为故障输出端子,当主板上 NC 短接时为常闭无源输出,当 NO 短接时为常开无源输出;A、B 为连接火灾显示盘的通信总线端子;S+、S- 为警报器输出,带检线功能,终端需要接 0.25 W 的 4.7 kΩ 电阻,输出时有 DC 24 V/0.15A 的电源输出;Z1、Z2 为无极性信号二总线端子。

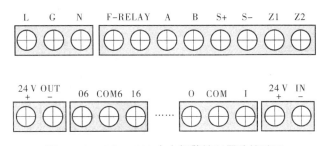

图5-13 GST-200火灾报警控制器外接端子

③ 24V IN(+、-)为外部 DC 24 V 输入端子,可以为直接控制输出和辅助电源输出提供电源。

④ 24V OUT(+、-)为辅助电源输出端子,可以为外部设备提供 DC 24 V 电源,当采用内部 DC 24 V 供电时最大输出容量为 DC 24 V/0.3 A,当采用外部 DC 24 V 供电时最大输出容量为 DC 24 V/2 A。

(5) O 为直接控制输出线,COM 为直接控制输出与反馈输入的公共线,I 为反馈输入线。O、COM 组成直接控制输出端,O 为输出端正极,COM 为输出端负极,启动后 O 与 COM 之间输出 DC 24 V;I、COM 组成反馈输入端,接无源触点,为了检线,I 与 COM 之间接 4.7 kΩ 的终端电阻器。

3. 总线隔离器

总线隔离器用于隔离总线上发生短路的部分,以保证总线上的其他设备正常工作。待故障修复后,总线隔离器会自行将被隔离的部分重新纳入系统。此外,使用总线隔离器便于确定总线发生短路的位置。

LD-8313总线隔离器的结构如图5-14所示,技术参数见表5-2。

表 5-2　LD-8313 总线隔离器的技术参数

参数名称	参数要求
动作电流	≤170 mA
动作指示灯	红色（正常监视状态不亮，动作时常亮）
负载能力	总线 24 V/170 mA

在 LD-8313 的端子中，Z1、Z2 为输入信号总线，无极性；ZO1、ZO2 为输出信号总线，无极性；安装孔用于固定底壳，两个安装孔的中心距离为 60 mm；安装方向指示底壳安装方向，安装时要求箭头向上。安装时按照隔离器的铭牌将总线接在底壳对应的端子上，把隔离器插入底壳上即可。

4. 手动火灾报警按钮

手动火灾报警按钮（含电话插孔）一般安装在公共场所，当人工确认发生火灾时，按下报警按钮上的有机玻璃片即可向控制器发出报警信号。控制器接收到报警信号后，显示报警按钮的编号或位置并发出报警声响，此时只要将消防电话分机插入电话插座即可与电话主机通信。

手动火灾报警按钮 J-SAM-GST 9122 如图 5-15 所示，其技术参数见表 5-3。

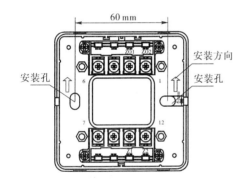 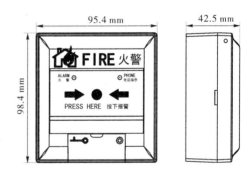

图 5-14　LD-8313 总线隔离器　　图 5-15　手动火灾报警按钮 J-SAM-GST 9122

表 5-3　手动火灾报警按钮 J-SAM-GST 9122 的技术参数

参数名称	参数要求
工作电流	监视电流≤0.8 mA；报警电流≤2.0 mA
输出容量	额定 DC 60 V/100 mA，无源输出触点信号
接触电阻	≤100 mΩ

5. 消火栓按钮

消火栓按钮安装在公共场所，当人工确认发生火灾时，按下此按钮即可向火灾报警控制器发出报警信号。火灾报警控制器接收到报警信号显示与按钮相连的防爆消火栓接口的编号并发出报警声响。

消火栓按钮 J-SAM-GST 9123 如图 5-16 所示，其技术参数见表 5-4。

表 5-4 消火栓按钮 J-SAM-GST 9123 的技术参数

参数名称	参数要求
工作电流	报警电流≤30 mA
启动方式	人工按下有机玻璃片
复位方式	用吸盘手动复位
指示灯	红色，报警按钮按下时此灯点亮；绿色，消防水泵运行时此灯点亮

注：消火栓按钮 J-SAM-GST 9123 不能直接与直流电源连接，否则可能损坏内部器件。

6. 讯响器

火灾声光警报器又称讯响器，用于在火灾发生时提醒现场人员注意。HX-100B 讯响器是一种安装在现场的声光报警设备，当现场发生火灾并被确认后，既可以由消防控制中心的火灾报警控制器启动，也可以通过安装在现场的手动报警按钮直接启动，启动后发出强烈的声光警号，以达到提醒现场人员注意的目的。

HX-100B 讯响器如图 5-17 所示，技术参数见表 5-5。

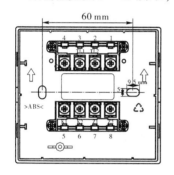

图 5-16 消火栓按钮 J-SAM-GST 9123

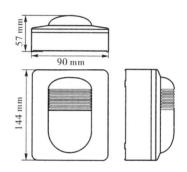

图 5-17 HX-100B 讯响器

表 5-5 HX-100B 讯响器技术参数

参数名称	参数要求
工作电压	信号总线电压为 24 V，允许范围为 16~28 V；电源总线电压为 DC 24 V，允许范围为 DC 20~28 V，电源动作电流≤160 mA
编码方式	采用电子编码方式，占用一个总线编码点，编码范围可以在 1~242 之间任意设定
线制	采用四线制，与控制器采用无极性信号二总线连接，与电源线采用无极性二线制连接

7. 智能光电感烟火灾探测器

智能光电感烟火灾探测器 JTY-GD-G3 在无烟状态下只接收很弱的红外光，当有烟尘进入时，由于散射的作用，接收光信号增强；当烟尘达到一定浓度时，便输出报警信号。发射电路采用脉冲方式工作，以减少干扰，降低功耗，提高发射管的使用寿命。该探测器采用电子编码方式，占用一个节点地址，其技术参数见表 5-6，结构如图 5-18 所示。

表 5-6 智能光电感烟火灾探测器 GTY-GD-G3 的技术参数

参数名称	参数要求
工作电压	信号总线电压，总线 24 V；允许范围为 16~28 V
工作电流	监视电流≤0.8 mA；报警电流≤2.0 mA
灵敏度（响应阈值）	可以设定 3 个灵敏度级别，探测器出厂灵敏度级别为二级；当现场环境需要在少量烟雾情况下快速报警时，可以将灵敏度级别设定为一级；当现场环境灰尘或者风沙较多时，可以将灵敏度级别设定为三级
日响应阈值	0.11~0.27 dB/m
报警确认灯	红色，巡检时闪烁，报警时常亮
编码方式	电子编码（编码范围为 1~242）
线制	信号二总线，无极性
使用环境	温度 10~50 ℃；相对湿度≤95%，不凝露
壳体材料和颜色	ABS；象牙白
安装孔距	45~75 mm

8. 智能电子差定温感温火灾探测器

智能电子差定温感温火灾探测器 JTW-ZCD-G3N 如图 5-19 所示，它采用热敏电阻器作为传感器，传感器输出的电信号经变换后输入到单片机，单片机利用智能算法进行信号处理。单片机检测到火警信号后，向控制器发出火灾报警信息，并通过控制器点亮火警指示灯。其技术参数见表 5-7。

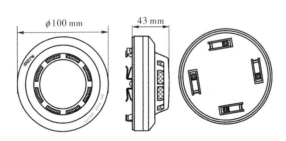

图 5-18 智能光电感烟火灾探测器 GTY-GD-G3

图 5-19 智能电子差定温感温火灾探测器 JTW-ZCD-G3N

表 5-7 智能电子差定温感温火灾探测器 JTW-ZCD-G3N 的技术参数

参数名称	参数要求
工作电压	信号总线电压：总线 24 V；允许范围：16~28 V
工作电流	监视电流≤0.8 mA；报警电流≤2.0 mA
报警确认灯	红色（巡检时闪烁，报警时常亮）

续表

参数名称	参数要求
编码方式	十进制电子编码,编码范围在 1~242 之间
壳体材料和颜色	ABS;象牙白
质量	约 115 g
安装孔距	45~75 mm

9. 单输入/单输出模块

单输入/单输出模块 LD-8301 如图 5-20 所示,它采用电子编码器进行编码,模块内有一对常开、常闭触点,具有直流 24 V 电压输出,用于与继电器的触点接成有源输出,以满足现场的不同需求,其技术参数见表 5-8。LD-8301 模块还设有开关信号输入端,用来与现场设备的开关触点连接,以确认现场设备是否动作。

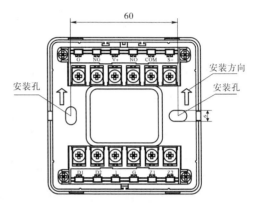

图 5-20 单输入/单输出模块 LD-8301

表 5-8 单输入/单输出模块 LD-8301 的技术参数

参数名称	参数要求
工作电压	信号总线电压:总线 24 V;允许范围:16~28 V; 电源总线电压:DC 24 V;允许范围:DC 20~28 V
工作电流	总线监视电流≤1 mA;总线启动电流≤3 mA; 电源监视电流≤5 mA;电源启动电流≤20 mA
输入检线	常开检线时线路发生断路(短路为动作信号)、常闭检线输入时输入线路发生短路(断路为动作信号)时,模块将向控制器发送故障信号
输出检线	输出线路发生短路或断路时,模块将向控制器发送故障信号
输出容量	无源输出时容量为 DC 24 V/2 A;正常时触点接触电阻≤100 kΩ;启动时闭合,适用于 12~48 V 直流或交流;有源输出时容量为 DC 24 V/1 A
输出控制方式	脉冲或电平(继电器常开触点输出或有源输出,脉冲启动时继电器吸合时间为 10 s)
指示灯	红色(输入指示灯:巡检时闪烁,动作时常亮;输出指示灯:启动时常亮)
编码方式	电子编码方式,占用 n 个总线编码点,编码范围在 1~242 之间任意设定
线制	与火灾报警控制器采用无极性信号二总线连接,与电源线采用无极性二线制连接

LD-8301 主要用于各种一次动作并有动作信号输出的被动型设备,如排烟阀、送风阀、防火阀等。

LD-8301 的端子说明如下。

(1) Z1、Z2：接控制器两总线，无极性。

(2) D1、D2：DC 24 V 电源，无极性。

(3) G、NG、V+、NO：DC 24 V 有源输出辅助端子，将 G 和 NG 短接、V+ 和 NO 短接（注意：出厂默认已经短接好，若使用无源常开输出端子，请将 G、NG、V+、NO 之间的短路片断开），用于向输出触点提供 24 V 信号以实现有源 DC 24 V 输出；无论模块是否启动，V+、G 之间一直有 DC 24 V 输出。

(4) I、G：与被控制设备无源常开触点连接，实现设备动作回答确认，可以通过电子编码器设为常闭输入或自回答。

(5) COM、S-：有源输出端子，COM 为正极，S- 为负极，启动后输出 DC 24 V。

(6) COM、NO：无源常开输出端子。

10. 光电开关

WT100-N1412（或 E3Z-LS61）为反射式光电开关，可以检测金属、非金属等反光物体。顶部旋钮用于调节光灵敏度（顺时针调节灵明度增高，逆时针调节灵敏度降低），底部旋钮用于切换工作方式（类似于继电器的常开、常闭触点）。

每个模拟防火卷帘门有高、低两个光电开关，分别用于检测防火卷帘门的高、低位置。出厂时，光电开关灵敏度旋钮一般处在最大状态，可以不用调节。

调节工作方式旋钮时，将高位光电开关工作方式旋钮调到 L，低位光电开关工作方式旋钮调到 D。接线时，棕线为电源正极，接 DC 24 V+ 端子；蓝线为电源负极，接 DC 24 V- 端子；黑线为控制端，当光电开关动作后，与蓝线（DC 24 V-）导通。

5.2 任务 2　　典型消防联动系统设备安装与调试

学习目标

掌握消防联动系统典型设备安装与调试，包括器件安装、系统接线与布线、系统参数设置、系统功能调试。

5.2.1　典型消防联动的系统构成

消防联动系统将着火时的烟、光、温度等环境参数的变化通过相应的探测器探测后传给中央处理主机，通过计算机的快速分析判断是否着火。如果判断着火则将着火情况快速地报警并进行如下操作：启动消防自动灭火系统，控制火情；启动紧急广播系统和人群疏散指导系统，使建筑物内的人员快速撤离；关闭防火卷帘门，对火区进行隔离；启动排烟系统，将有毒气体排出，尽可能地控制火情，减少人员伤亡，降低财产损失。

典型消防联动系统接线如图 5-21 所示。

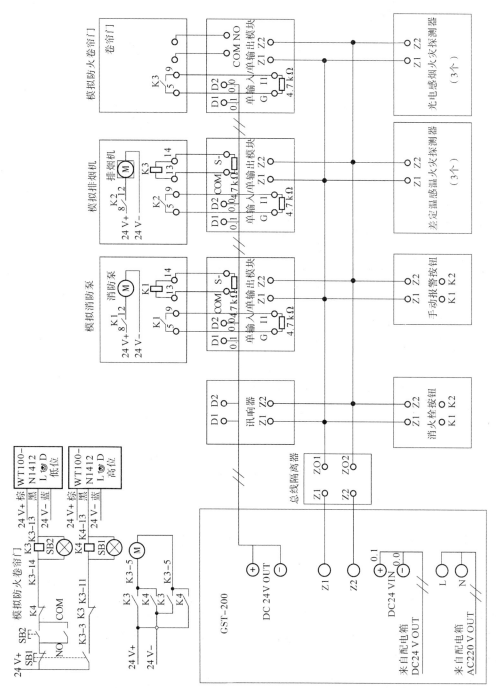

图 5-21 典型消防联动系统硬件接线电路

5.2.2 典型消防联动系统的调试

1. 火灾报警控制器设备编码

本系统的单输入/单输出模块、火灾探测器、报警按钮等总线设备均需要编码,用到的编码工具为电子编码器,其结构示意如图5-22所示。

(1) 电源开关:完成系统硬件开机和关机操作。

(2) 液晶屏:显示有关探测器的一切和操作人员输入的相关信息,当电源欠压时给出指示。

(3) 总线插口:编码器通过总线插口与探测器或模块相连。

(4) 火灾显示盘接口(I^2C):通过此接口与火灾显示盘相连,并进行各灯的二次码编写。

(5) 复位键:当编码器由于长时间不使用而自动关机后,按下复位键使系统重新上电并进入工作状态。

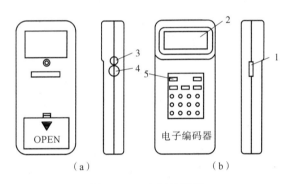

图5-22 电子编码器

1:电源开关;2:液晶屏;3:总线插口;4:火灾显示盘接口;5:复位键;

2. 电子编码器编码

电子编码器对探测器的地址码、设备类型、灵敏度、模块的地址码、设备类型、输入参数等信息进行设置。

1) 电子编码器的使用

按"读码"键,液晶屏上将显示探测器或模块已有的地址编码;按"增大"键,将依次显示脉宽、年号、批次号、灵敏度、探测器类型号(对于不同的探测器和模块其显示内容有所不同);按"清除"键,返回待机状态。

如果读码失败,屏幕上将显示错误信息"E",按"清除"键清除。

在待机状态输入探测器或模块的地址编码,按"编码"键,显示符号"P"表明编码完成;按"清除"键,返回待机状态。

2) 编码设置的步骤

(1) 开机。将电子编码器连接线的一端插在编码器的总线插口内,另一端的两个夹子分别夹在光电式感烟火灾探测器的两根总线端子 Z1 和 Z2(不分极性)上,并将电子编码器的开关拨到"ON"的位置。

(2) 编码。按编码器上的"清除"键,返回待机状态;用编码器上的数字键输入"1"并按"编码"键,编码器若显示符号"P",则表明编码完成。

(3) 读码。再次按下编码器上的"清除"键,返回待机状态,然后按"读码"键,液晶屏上将显示探测器已有的地址编码。

各个模块、探测器等总线设备的地址编码见表 5-9。

表 5-9 设备地址编码

序号	设备型号	设备名称	编码
1	GST-LD-8301	单输入/单输出模块	01
2	GST-LD-8301	单输入/单输出模块	02
3	GST-LD-8301	单输入/单输出模块	03
4	HX-100B	讯响器	04
5	J-SAM-GST 9123	消火栓按钮	05
6	J-SAM-GST 9122	手动报警按钮	06
7	JTW-ZCD-G3N	智能电子差定温感温火灾探测器	07
8	JTY-GD-G3	智能光电感烟火灾探测器	08
9	JTW-ZCD-G3N	智能电子差定温感温火灾探测器	09
10	JTY-GD-G3	智能光电感烟火灾探测器	10
11	JTW-ZCD-G3N	智能电子差定温感温火灾探测器	11
12	JTY-GD-G3	智能光电感烟火灾探测器	12

在操作过程中,如果液晶屏前部显示字符"LB",则表明电池已经欠压,应及时进行更换。更换前应关闭电源开关,从电池扣上拔下电池时不要用力过大。

3. 设置火灾报警控制器参数

1) 修改时间

(1) 按"系统设置"键,进入"系统设置操作"界面,如图 5-23 所示。

(2) 按"1"键,进入"时间设置"界面,如图 5-24 所示。

(3) 按"△""▽"键选择要修改的数据块(年、月、日、时、分、秒的内容);按"◁""▷"键使光标停在数据块的第 1 位,逐个输入数据。

(4) 按"确认"键,得到新的系统时间,在屏幕窗口的右下角显示。

2) 设置密码

除"消音""设备检查""记录检查""联动检查""锁键""取消""确认""△""▽""q""陟"键外,其他功能键被按下后,都会显示一个要求输入密码的界面(密码由8位"0"~"9"的字符组成),输入正确的密码后,才可以进行下一步操作。按照系统的安全性,密码权限从低到高分为用户密码、气体灭火操作密码、系统管理员密码3级,高级别密码可以替代低级别密码。

图 5-23　"系统设置操作"界面　　　　图 5-24　"时间设置"界面

用户密码打开的操作包括复位、自检、火警传输、警报器消音/启动、用户设置、启动、停动、屏蔽、取消屏蔽等。

输入气体灭火操作密码或系统管理员密码可以进行喷洒控制菜单操作,如果需要进行系统设置菜单操作,则必须输入系统管理员密码(不能进入"调试状态"选项)。

输入正确的用户密码或更高级别密码后,进行任何用户密码级操作均可不用输入密码。

(1) 在"系统设置"菜单状态下按"2"键,进入"修改密码操作"界面,如图 5-25 所示。

(2) 选择需要修改的密码,进入输入密码提示界面,如图 5-26 所示。

(3) 输入新密码,按"确认"键,为防止按键失误,控制器要求将新密码重复输入一次加以确认;再次输入新密码,按"确认"键。

图 5-25　"修改密码操作"界面　　　　图 5-26　输入密码提示界面

若两次输入的密码相同,则会退出当前的操作,并提示"系统工作正常",表明新密码输入成功;若出现错误,则提示"操作处理失败",需要重新进行密码输入操作。

本控制器为满足多个值班员操作的需要,在用户密码一级设置了5个用户号码(1~5),每个用户号码对应自己的用户密码,当需更改用户密码时,要求先输入用户号码,如图 5-27 所示。

4. 设备定义

控制器外接的设备包括火灾探测器、联动模块、火灾显示盘、网络从机、光栅机、多线制控制设备（直控输出定义）等，这些设备均需进行编码设定。每个设备对应一个原始编码和一个现场编码，设备定义就是对设备的现场编码进行设定。被定义的设备既可以是已经注册在控制器上的设备，也可以是未注册在控制器上的设备。典型的设备定义界面如图5-28所示。

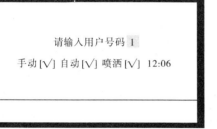

图5-27 用户号码输入界面   图5-28 "外部设备定义"界面

1）原码

原码是为设备所在的自身编码号，火灾探测器、联动模块等外部设备原码为1~242；火灾显示盘原码为1~64；网络从机原码为1~32；光栅机测温区域原码为1~64，对应1~4号光栅机的探测区域，从1号光栅机1通道1探测区顺序递增；直控输出（多线制控制的设备）原码为1~60。原始编码与现场布线无关。

现场编码包括二次码、设备类型、设备特性和设备汉字等信息。

2）键值

模块类设备的编码是指与设备对应的手动盘按键号，当无手动盘与设备对应时，键值设为00。

3）二次码

二次码即用户编码，由六位0~9的数字组成，是人为定义用来表达设备所在的特定现场环境的一组数，用户通过此编码可以很容易地知道被编码设备的位置以及与位置相关的其他信息。

推荐对用户编码规定如下。

（1）第1~2位对应设备所在的楼层号，取值范围为0~99。为方便建筑物地下部分设备的定义，规定地下1层为99，地下2层为98，依此类推。

（2）第3位对应设备所在的楼区号，取值范围为0~9。楼区是指一个相对独立的建筑物，如一个花园小区由多栋写字楼组成，每一栋楼可以视为一个楼区。

（3）第4~6位对应总线制设备所在的房间号或其他可以标识特征的编码。对火灾显示盘编码时，第4位为火灾显示盘工作方式设定位，第5~6位为特征标志位。

4）设备类型

用户编码输入区"-"符号后的两位数字为设备类型代码，参照设备类型表中的设备类型，将光栅机测温区域的类型应设置成 01 光栅测温，输入完成后，在屏幕的最后一行将显示刚刚输入数字对应的设备类型汉字描述。如果输入的设备类型超出设备类型表范围，将显示"未定义"。

5）设备状态

一些具有可变配置的设备可以通过更改设备状态来改变配置。可变配置的设备包括点型感温、点型感烟和输出模块。

(1) 点型感温用于改变点型感温火灾探测器的类别，其特性参照 GB 4716—2005《点型感温火灾探测器》见表 5-10。

表 5-10 点型感温的特性

火灾探测器的类别	应用温度/℃		动作温度/℃	
	典型值	最高值	下限值	上限值
A1	25	50	54	65
A2	25	50	54	70
B	40	65	69	85

每种火灾探测器有 S 型和 R 型两种，S 型火灾探测器即使对较高升温速率在达到最小动作温度前也不能发出火灾报警信号；R 型探测器具有差温特性，对于高升温速率，即使从低于典型应用温度以下开始升温也能满足响应时间要求。

(2) 点型感烟用于改变点型感烟火灾探测器探测烟雾的灵敏程度，其特性见表 5-11。阈值数字越小，探测器越灵敏，可以对较少的烟雾报警。

表 5-11 点型感烟的特性

阈值类别	火灾探测器阈值/（dB·m^{-1}）
阈值1	0.1 ~ 0.21
阈值2	0.21 ~ 0.35
阈值3	0.35 ~ 0.56

(3) 输出模块用于改变模块的输出方式，其特性表 5-12。

表 5-12 输出模块的特性

分类	输出方式	输出信号
1	脉冲启	10 s 左右的脉冲信号
2	电平启	持续信号
3	脉冲停	10 s 左右的脉冲信号
4	电平停	持续信号

输出方式为脉冲停或电平停时表示停动类设备,即为平时处于"回答"状态的设备。此类设备的"回答"信号不点亮"动作"指示灯,同时也不在信息屏上显示,但记入运行记录器。

6) 注释信息

注释信息可以输入表示该设备的位置或其他相关汉字提示信息,最多可输入 7 个汉字。如果非本系统的汉字库汉字,屏幕将显示"!"符号。

7) 设备定义

在系统设置操作状态下按"4"键,进入"设备定义操作"界面,此界面可以进行设备连续定义和设备继承定义,如图 5 – 29 所示。设备连续定义和设备继承定义能够完成的操作内容相同,具体内容如图 5 – 30 所示。

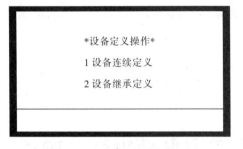

图 5 – 29 "设备定义操作"界面　　图 5 – 30 设备定义操作的具体内容

(1) 设备连续定义。

按"1"键,进入设备连续定义状态。在此状态下,系统默认设备是未定义过的。在输入第 1 个设备结束后,以后设备定义会默认上一个设备的定义,提供的方便有:①原码中的设备号在小于其最大值时,会自动加 1;②键值为非"00"时,会自动加 1;③二次码自动加 1;④设备类型不变;⑤特性不变;⑥汉字信息不变。

按"1"键,进入"外部设备定义"界面,输入正确的原码,按"确认"键,液晶屏显示的内容,如图 5 – 31 所示。

在设备定义的过程中,可以通过按"∧""∨""＜""＞"键及数字键进行定义操作。当设备定义完成后,按"确认"键进行存储,再进行新的定义操作。

⚠ 注意:

在进行设备定义时,如果定义的用户码已经存在,将提示"操作处理失败";定义最大值设备号的设备后按"确认"键,也将提示"操作处理失败"。

(2) 设备继承定义。

设备继承定义是将已经定义的设备信息从系统内调出,可对设备定义进行修改。例如,已经定义 032 号外部设备是二次码为 031032 的点型感烟火灾探测器;033 号外部设备是二次码为 031033 的用于启动喷淋泵的模块，且其对应的手动盘键号为 16 号。进行设备继承定义操作为：

① 在“设备定义操作”界面按“2”键入，进入设备继承定义界面；

② 按“1”键，进入“外部设备定义”状态，输入“032”后按“确认”键，液晶屏显示二次码为 031032 的点型感烟火灾探测器的信息；

③ 按两次“确认”键后，液晶屏显示的是原码为 033、二次码为 031033 的用于启动喷淋泵的模块的信息，如图 5 - 32 所示。

外部设备定义
原码：032号 键值：00
二次码：031032-03 点型感烟
设备状态：1 [阈值1]
注释信息：
5560476341721724000000000000
总线设备
手动[√] 自动[√] 喷洒[√] 12:25

图 5 - 31 “外部设备定义”界面

外部设备定义
原码：001号 键值：16
二次码：031033-17 喷淋泵
设备状态：1 [脉冲启]
注释信息：
5560476341721724000000000000
总线设备
手动[√] 自动[√] 喷洒[√] 12:23

图 5 - 32 喷淋泵定义

本例中定义了一个第 2 楼区 8 楼 16 号房间的点型感烟火灾探测器，其原码为 36 号。

5.3 任务 3 消防联动系统的联动编程及调试

学习目标

掌握消防联动系统的编程方法，能够定义设备和联动编程，并观察设备联动效果。

5.3.1 联动公式的格式

联动公式是用来定义系统中报警信息与被控设备间联动关系的逻辑表达式。当系统中的探测设备报警或被控设备的状态发生变化时，控制器可以按照逻辑表达式自动对被控设备执行立即启动、延时启动或立即停动操作。本系统联动公式由等号分成前后两部分，前面为条件，由用户编码、设备类型及关系运算符组成；后面为被联动的设备，由用户编码、设备类型及延时启动时间组成。

例如，01001103 + 02001103 = 01001213 00 01001319 10 表示：当 010011 号光电式感烟火灾探测器或 020011 号光电式感烟火灾探测器报警时，010012 号讯响器立即启动，010013 号排烟机延时 10 s 启动。01001103 + 02001103 = ×01205521 00 表示：当 010011 号光电式感烟火灾探测器或 020011 号光电式感烟火灾探测器报警时，012055 号新风机立即停动。

> **注意：**
> （1）联动公式中的等号有4种表达方式，分别为"＝""＝＝""＝×""＝＝×"。联动条件满足且表达式为"＝"或"＝×"时，被联动的设备只有在"全部自动"的状态下才可以进行联动操作；表达式为"＝＝"或"＝＝×"时，被联动的设备在"部分自动"及"全部自动"状态下均可进行联动操作。"＝×"和"＝＝×"代表停动操作，"＝"和"＝＝"代表启动操作。等号前后的设备都要求由用户编码和设备类型构成，类型不能缺省。关系符号有"与""或"两种，其中"＋"代表"或"，"×"代表"与"。等号后面的联动设备的延时时间为0～99 s，不可缺省，若无延时则输入"00"来表示，联动停动操作的延时时间无效，默认为00。
> （2）联动公式中允许有通配符，用"＊"表示，可代替0～9之间的任何数字。通配符既可以出现在公式的条件部分，也可以出现在联动部分。通配符的运用可以合理简化联动公式，当其出现在条件部分时，这样一系列设备之间隐含"或"关系。例如，0＊001315代表01001315＋02001315＋03001315＋04001315＋05001315＋06001315＋07001315＋08001315＋09001315＋00001315，而在联动部分则表示有这样一组设备。在输入设备类型时也可以使用通配符。
> （3）编辑联动公式时，要求：①联动部分的设备类型及延时启动时间之间（包括某一联动设备的设备类型与其延时启动时间，以及某一联动设备的延时启动时间与另一联动设备的设备类型之间）必须存在空格；②在联动公式的尾部允许存在空格，除此之外的位置不允许有空格存在。

5.3.2 联动公式的编辑

在"系统设置操作"界面按"5"键，进入"联动编程操作"界面，如图5-33所示。此时可以通过按键"1""2"或"3"来选择欲编辑的联动公式的类型。

1. 联动公式的输入方法

在联动公式编辑界面，反白显示的为当前输入位置，当输入完一个设备的用户编码与设备类型后，光标处于逻辑关系位置，可以按"1"键输入"＋"，按"2"键输入"×"，按"3"键进入条件选择界面，按照屏幕提示选择"＝""＝＝""＝×""＝＝×"；公式编辑过程中在需要输入逻辑关系的位置，只有按标有逻辑关系的"1""2""3"键可以有效输入逻辑关系；按任意数字键可以在公式中需要空格的位置插入空格。

在编辑联动公式的过程中，可以利用"＜""＞"键改变当前的输入位置，如果下一个位置为空，则回到首行。

2. 常规联动编程

在"联动编辑操作"界面按"1"键，进入"常规联动编程"界面，通过选择1、2、3对联动公式进行新建、修改及删除，如图5-34所示。

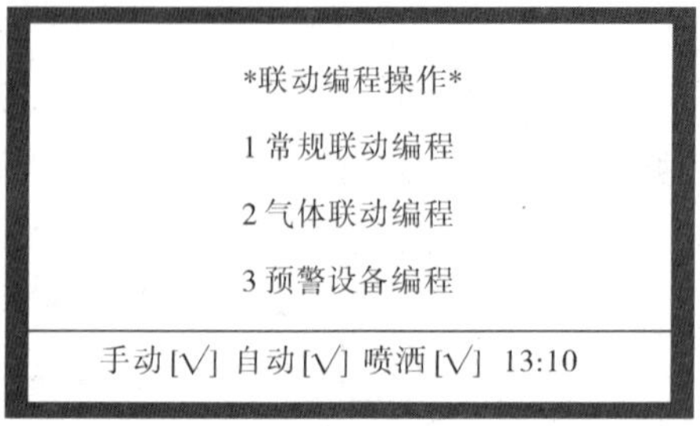

```
┌─────────────────────────┐      ┌─────────────────────────┐
│     *联动编程操作*       │      │     *常规联动编程*       │
│   1 常规联动编程         │      │   1 新建联动编程         │
│   2 气体联动编程         │      │   2 修改联动编程         │
│   3 预警设备编程         │      │   3 删除设备编程         │
│                         │      │                         │
│ 手动[√] 自动[√] 喷洒[√] 13:10 │  │ 手动[√] 自动[√] 喷洒[√] 13:12 │
└─────────────────────────┘      └─────────────────────────┘
```

图 5-33 "联动编程操作"界面 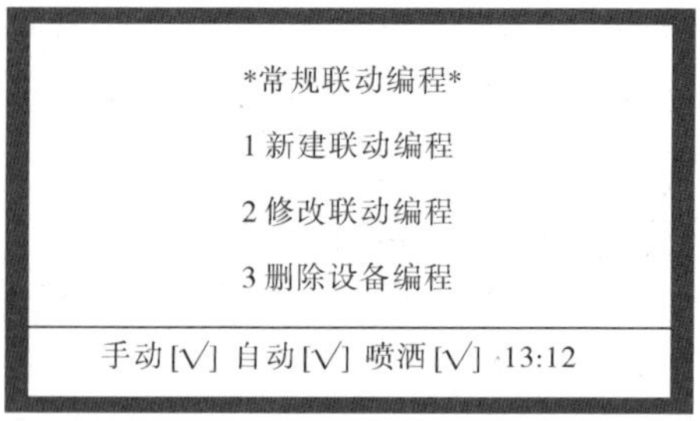　　　　图 5-34 "常规联动编程"界面

3. 新建联动公式

在"常规联动编程"界面按"1"键，系统自动分配公式序号，如图 5-35 所示。输入欲定义的联动公式，按"确认"键，存储联动公式；按"取消"退出。本系统设有联动公式语法检查功能，如果输入的联动公式正确，按"确认"键后，此条联动公式将存于存储区末端，此时屏幕显示与图 5-35 相同的画面，只是显示的公式序号自动加一；如果输入的联动公式存在语法错误，按"确认"键后，液晶屏将提示操作失败，等待重新编辑，且光标指向第 1 个有错误的位置。

4. 修改联动公式

在"常规联动编程"界面按"2"键，可以修改联动公式。输入要修改的公式序号，按"确认"键，控制器将此序号的联动公式调出显示，等待编辑修改，如图 5-36 所示。

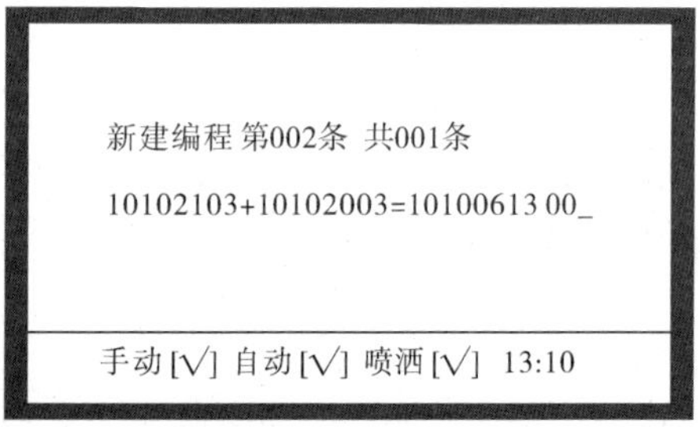

```
┌─────────────────────────────────┐   ┌─────────────────────────────────┐
│ 新建编程 第002条 共001条         │   │ 新建编程 第001条 共002条         │
│ 10102103+10102003=10100613 00_ │   │ 10102103+10102003=10100613 00  │
│                                 │   │                                 │
│ 手动[√] 自动[√] 喷洒[√] 13:10    │   │ 手动[√] 自动[√] 喷洒[√] 13:10    │
└─────────────────────────────────┘   └─────────────────────────────────┘
```

图 5-35 新建联动公式 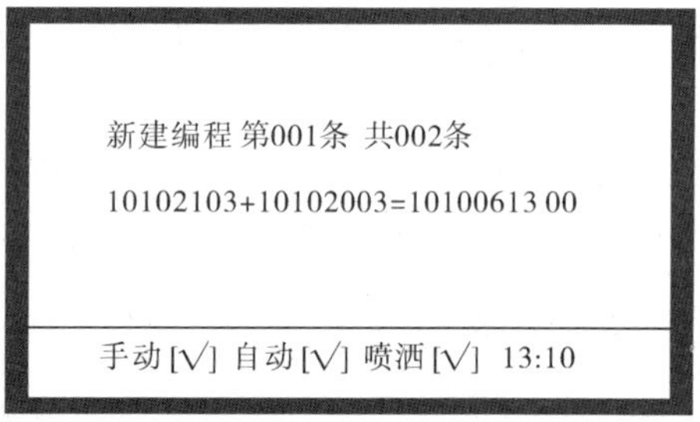　　　　图 5-36 修改联动公式

与新建联动公式相同，在更改联动公式时也可以利用"<"">"键使光标指向欲修改的字符后进行相应的编辑，此处不再赘述。

5. 删除联动公式

输入要删除的公式号，按"确认"键执行删除，按"取消"键放弃删除，如图 5-37 所示。

⚠ **注意：**

当输入的联动公式序号为"255"时，将删除系统内所有的联动公式，同时屏幕提示确认删除信息，如图 5-38 所示，连续按 3 次"确认"键删除，按"取消"键退出。

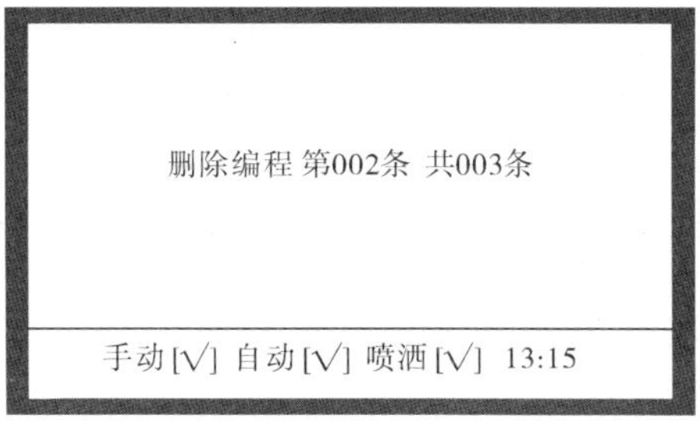

图 5-37 删除联动公式

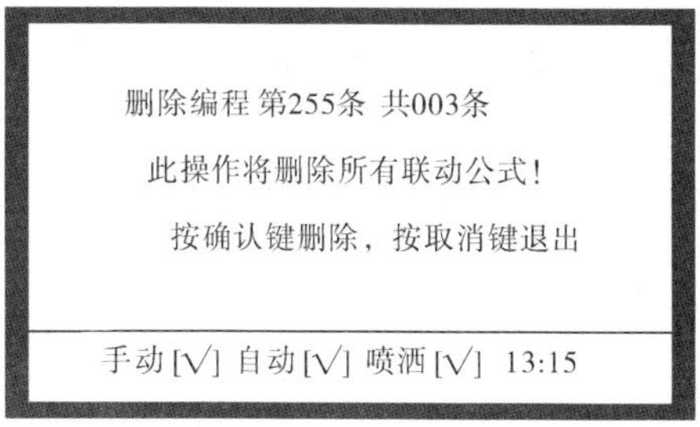

图 5-38 提示确认删除信息

5.3.3 编程设置

在系统进行编程设置时,首先对设备进行定义,总线设备定义见表 5-13。

表 5-13 总线设备定义

序号	设备型号	设备名称	编码	二次码	设备定义
1	GST-LD-8301	单输入/单输出模块	01	000001	16(消防泵)
2	GST-LD-8301	单输入/单输出模块	02	000002	19(排烟机)
3	GST-LD-8301	单输入/单输出模块	03	000003	27(卷帘门)
4	HX-100B	讯响器	04	000004	13(讯响器)
5	J-SAM-GST 9123	消火栓按钮	05	000005	15(消火栓)
6	J-SAM-GST 9122	手动报警按钮	06	000006	11(手动按钮)
7	JTW-ZCD-G3N	智能电子差定温感温火灾探测器	07	000007	02(点型感温)
8	JTY-GD-G3	智能光电感烟火灾探测器	08	000008	03(点型感烟)
9	JTW-ZCD-G3N	智能电子差定温感温火灾探测器	09	000009	02(点型感温)
10	JTY-GD-G3	智能光电感烟火灾探测器	10	000010	03(点型感烟)
11	JTW-ZCD-G3N	智能电子差定温感温火灾探测器	11	000011	02(点型感温)
12	JTY-GD-G3	智能光电感烟火灾探测器	12	000012	03(点型感烟)

定义完毕后进行如下设置:

(1) ******02 + ******03 + ******11 + ******15 = ******13 00;

(2) ******03 = ******19 00 ******16 05 ******27 10;

(3) ******02 + ******15 = ******16 00 ******27 00;

(4) ******03 × ******11 = ******16 00;

(5) 消防子系统实现的功能。

设置完毕后,实现如下功能:

(1) 按下任意消防火灾探测器动作或消防报警按钮,启动声光报警器;

(2) 感烟火灾探测器动作,启动排烟机,延时 5 s 启动消防泵,延时 10 s 降下防火卷帘门;

(3) 按下感温探测器动作或者消火栓按钮,启动消防泵,降下防火卷帘门;

(4) 感烟火灾探测器动作,同时按下手动按钮,启动消防泵。

● 复习思考题

1. 简述消防联动控制的含义及其与传统消防系统的区别。
2. 简述消防联动系统中总线隔离器的主要功能。
3. 简述感烟传感器和感温传感器的主要原理。
4. 简述离子式感烟火灾探测器的工作原理。
5. 简述智能型火灾探测器的工作原理。
6. 某总线制消防联动设备的二次码为 031001 – 21,其所代表的含义是什么?
7. 简述 GST – 200 火灾报警控制器中的设备定义方式及其含义。

项目 6

组态软件与 DDC 监控系统

教学目的

通过"教、学、做合一"的模式,使用任务驱动的方法,使学生了解集散控制系统与工业组态的优势和应用,掌握 DDC 监控系统的组建、安装与调试方法,提高软件与硬件联调技能。

教学重点

讲解重点——DDC 照明监控系统和中央空调监控系统。
操作重点——LonMaker 6.1 与力控软件 PCAuto 6 的使用。

教学难点

理论难点——DDC 照明监控系统。
操作难点——力控软件 PCAuto 6 的使用。

6.1 任务1 集散控制系统与工业组态

学习目标

(1) 理解集散监控系统的概念。
(2) 了解集散监控系统的结构。
(3) 掌握力控软件 PCAuto 6.0 的使用。

6.1.1 集散控制系统

1. 集散控制系统概述

集散控制系统又称分布式控制系统（Distribute Control System，DCS），是对生产过程进行集中管理和分散控制的计算机系统，它随着现代大型工业生产自动化的不断兴起和过程控制要求的日益复杂应运而生。以 PC 为基础的集散控制系统配以成熟的工控组态软件，是目前控制领域的主要发展趋势。

集散控制系统主要由上位机和下位机构成。

上位机在集散控制系统中扮演着远程监控主机的角色，主要负责对工作现场状态的远程监视，可以直接向现场控制单元发出操作命令，以协调现场的不同控制单元的工作同步。在工业控制中，上位机一般为计算机，它通过监控软件和各种接口（串口、以太网等）采集工业现场设备的数据，如可编程逻辑控制器（Programmable Logic Controller，PLC）、仪表、变频器等。工控机采集数据，并通过软件将数据显示到画面上，在工控机上可以看到远程设备的数据和状态，还可以实现操控和数据统计等复杂功能。

下位机受上位机控制，直接控制外部设备，将各种参量转化为数字信号返回给上位机。下位机具有较好的实时性，具有多种通信接口。

上位机与下位机之间通过各种通信接口连接，常见的接口有串口、USB、LAN（局域网）网口。上位机需要根据各种接口协议编写专用的控制程序，而下位机需要编写对应的响应控制程序。

上位机和下位机是通过通信连接的"物理"层次不同的计算机，是相对而言的。一般下位机负责前端的"测量、控制"等处理，上位机负责"管理"处理。下位机是接收到主设备命令才执行的执行单元，即从设备，也能直接智能化处理测控执行；而上位机不参与具体的控制，仅进行数据的存储、显示、打印、人机界面等管理。常见的集散控制系统是上位机（PC）集中、下位机控制分散的系统（控制机柜内的 I/O 卡件），细分有 3 层：PC、系统机柜内的主控制器、通过通信协议（PROFIBUS、MODELBUS、FF 等）的控制机柜内的 I/O 卡件。

上位机发出的命令首先给下位机，下位机再根据此命令解释成时序信号直接控制相应设备。

简言之，下位机用于读取设备状态数据（一般为模拟量），转换成数字信号反馈给上位机。在不同的系统中，上位机和下位机的关系根据实际情况会有差别，但它们都需要编程，都有专门的开发系统。

从概念上来讲，控制者和提供服务者是上位机，被控制者和被服务者是下位机，也可以理解为主机和从机的关系。上位机和下位机有时是可以转换的。

2．工业组态

1）组态的概念

组态（Configuration）是用应用软件中提供的工具和方法，完成工程中某一具体任务的过程。与硬件生产对比，组态与组装类似。例如，要组装一台计算机，事先提供了各种型号的主板、机箱、电源、CPU、显示器、硬盘、光驱等，用户的工作是用这些部件组装自己需要的计算机。由于软件具有内部属性，通过改变属性可以改变其规格（如大小、性状、颜色等），比硬件中的"部件"更多，每个"部件"也更灵活，因此软件中的组态比硬件的组装有更大的发挥空间。

2）组态软件

组态软件又称组态监控系统软件，译自英文 SCADA（Supervisory Control and Data Acquisition，数据采集与监视控制），是指一些数据采集与过程控制的专用软件，是为用户提供快速构建工业自动控制系统监控功能的、通用层次的软件工具。

组态软件是在自动控制系统监控层一级的软件平台和开发环境，能以灵活多样的组态方式（而不是编程方式）提供良好的用户开发界面和便捷的使用方法，解决了控制系统的通用性问题。其预设置的各种软件模块可以非常容易地实现和完成监控层的各项功能，并能同时支持各种硬件厂家的计算机和 I/O 产品，与高可靠性的工控计算机和网络系统结合，向控制层和管理层提供软硬件的全部接口，进行系统集成。

组态软件的应用领域很广，可以应用于电力系统、给水系统、石油、化工等诸多领域的数据采集与监视控制以及过程控制等。

3）组态软件的功能

组态软件具有强大的界面显示组态功能、良好的开放性、丰富的功能模块、强大的数据库、可编辑的命令语言、周密的系统安全防范和仿真功能。

（1）强大的界面显示组态功能。目前，工控组态软件大都运行于 Windows 环境下，操作人员可以充分利用 Windows 图形功能完善、界面美观的特点（如可视化的风格界面、丰富的工具栏等）直接进入开发状态，节省时间。丰富的图形控件和工况图库既提供了所需的组件，又提供了界面制作向导，用户可绘制出各种工业界面，并任意编辑界面，从繁重的界面设计中解放出来；丰富的动画连接方式（如隐含、闪烁、移动等）使界面生动、直观。

（2）良好的开放性。社会化的大生产使得构成系统的全部软硬件不可能出自一家公司的产品，异构成为当今控制系统的主要特点之一。开放性是指组态软件能与多种通信协议互连，支持多种硬件设备。它是衡量一个组态软件性能的重要指标。

组态软件向下应能与低层的数据采集设备通信，向上能与管理层通信，实现上位机与下位机的双向通信。

（3）丰富的功能模块。组态软件提供丰富的控制功能库，以满足用户的测控要求和现场要求。各种功能模块可以完成实时监控，产生功能报表、历史曲线、实时曲线，提示报警等功能，使系统具有良好的人机界面，易于操作，既可以用于单机集中式控制和DCS分布式控制，也可以用于带远程通信能力的远程测控系统。

（4）强大的数据库。组态软件配有实时数据库，存储各种数据，如模拟量、离散量、字符型等，实现与外部设备的数据交换。

（5）可编程的命令语言。组态软件有可编程的命令语言，使用户可根据自己的需要编写程序，增强图形界面。

（6）周密的系统安全防范。组态软件为不同的操作者赋予不同的操作权限，保证整个系统安全可靠地运行。

（7）仿真功能。组态软件提供强大的仿真功能，使系统能够进行并行设计，从而缩短开发周期。

6.1.2 力控监控组态软件

从1993年至今，力控监控组态软件为国家经济建设做出了巨大的贡献，在石油、化工、国防、铁路（含城铁和地铁）、冶金、煤矿、配电、发电、制药、热网、电信、能源管理、水利、公路交通（含隧道）、机电制造等行业均有力控软件的成功应用，力控监控组态软件已经成为民族工业软件中一颗璀璨的明星。

力控监控组态软件以计算机为基本工具，为实施数据采集、过程监控、生产控制提供基础平台。它可以和检测、控制设备构成复杂的监控系统，在过程监控中发挥核心作用，帮助企业消除信息孤岛，降低运作成本，提高生产效率，加快市场反应速度。

在今天，企业管理者已经不再满足于在办公室内直接监控工业现场，基于网络浏览器的Web方式正在成为远程监控的主流。作为国产软件中最大规模SCADA系统的WWW网络应用软件，力控监控组态软件为满足企业的管控一体化需求提供了完整的、可靠的解决方案。

力控监控组态软件包括工程管理器、人机界面View、实时数据库DB、I/O驱动程序、控制策略生成器及各种网络服务组件等。

力控监控组态软件是在自动控制系统监控层的软件平台，能够同时和国内外各种工业控制厂家的设备进行网络通信，与高可靠的工控计算机和网络系统结合，以达到集中管理和监控的目的。它还可以方便地向控制层和管理层提供软硬件的全部接口，实现与第三方软硬件系统的集成。

1）工程管理器

工程管理器（Project Manager）用于创建、删除、备份、恢复、选择当前工程等。

2）开发系统

开发系统（Draw）是一个集成环境，可以创建工程画面，配置各种系统参数，启动力控其他程序组件等。

3）界面运行系统

界面运行系统（View）用来运行由开发系统创建的画面、脚本、动画连接等工程，操作人员通过它来完成监控。

4）实时数据库

实时数据库（Data Base，DB）负责实时数据处理、历史数据存储、统计数据处理、报警处理、数据服务请求处理等，是力控软件系统的数据处理核心和构建分布式应用系统的基础。

5）I/O 驱动程序

I/O 驱动程序（I/O Server）负责力控监控组态软件与控制设备的通信。它将 I/O 设备寄存器中的数据读出后，传送到力控监控组态软件的数据库，然后在界面运行系统的画面上显示动态。

6）网络通信程序

网络通信程序（NetClient/NetServer）采用 TCP/IP 通信协议，利用 Intranet/Internet 实现不同网络节点上力控监控组态软件之间的数据通信。

7）通信程序

通信程序（PortServer）支持串口、电台、拨号和移动网络通信。通过在两台计算机之间的力控监控组态软件，使用 RS232 接口实现一对一的通信，使用 RS485 总线实现一对多的通信，也可以通过电台、Modem、移动网络的方式进行通信。

8）Web 服务器程序

Web 服务器程序（Web Server）使处在世界各地的远程用户在台式机或便携机上用标准的浏览器实时监控现场生产过程。

9）控制策略生成器

控制策略生成器（Strategy Builder）是面向控制的新一代软件逻辑自动化控制软件，采用符合 IEC1131-3 标准的图形化编程方式，提供包括变量、数学运算、逻辑功能、程序控制、常规功能、控制回路、数字点处理等在内的十几类基本运算块，内置常规 PID 控制（比例积分微分控制）、比值控制、开关控制、斜坡控制等丰富的控制算法，同时提供开放的算法接口，可以嵌入用户的控制程序。

控制策略生成器与力控监控组态软件的其他程序组件可以无缝连接。

6.2 任务2　DDC 照明监控系统的组建、安装与调试

学习目标

（1）理解 DDC 监控及照明控制系统。

（2）了解楼宇设备中的典型 DDC 控制模块。

(3) 掌握 DDC 照明控制系统的安装与调试。

6.2.1 系统概述

DDC 监控及照明控制系统由 DDC 控制器、LonWorks 接口卡、上位监控系统（力控监控组态软件）、照明控制箱和照明灯具组成，如图 6-1 所示。

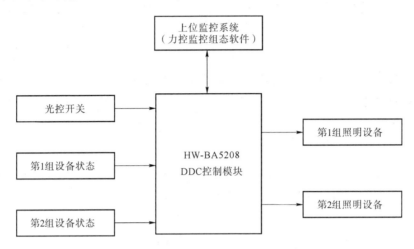

图 6-1 DDC 监控及照明控制系统

1. 楼宇设备中的典型 DDC 控制模块

1) HW-BA5208 DDC 控制模块

HW-BA5208 DDC 控制模块是楼宇智能化控制系统模块，它采用 LonWorks 现场总线技术与外界进行通信，具有网络布线简单、易于维护等特点，可以完成对楼控系统及各种工业现场标准开关量信号的采集，并且对各种开关量设备进行控制。

HW-BA5208 DDC 控制模块具有 5 路干触点输入端口，DI 口配置可以自由选择；具有 5 路触点输出端口，提供无源常开和常闭触点，并对其进行不同方式的处理；控制器内部集成多种软件功能模块，通过相应的 Plug_in 方便地对其进行配置。通过配置使控制器内部各软件功能模块任意组合，相互作用，从而实现各种逻辑运算与算术运算功能。

（1）结构与技术特性。

HW-BA5208 DDC 控制模块主要由 Control Module 板、模块板和外壳等组成，其外观示意如图 6-2 所示。各指示灯及按键功能如下。

① 电源灯（红色）：当接通电源后，应常亮。

② 维护灯（黄色）：在正常监控下不亮，下载程序时闪烁。

③ DI 口指示灯（绿色，5 个）：当某输入口有高电平时，此口对应的指示灯点亮。

④ DO 口指示灯（绿色，5 个）：当某路继电器吸合时，此路对应的指示灯点亮。

⑤ 维护键：维护按键。

⑥ 复位键：复位按键。

⑦ DO1~DO5：自动/强制输出转换按键，按键按下时相应路为强制输出。

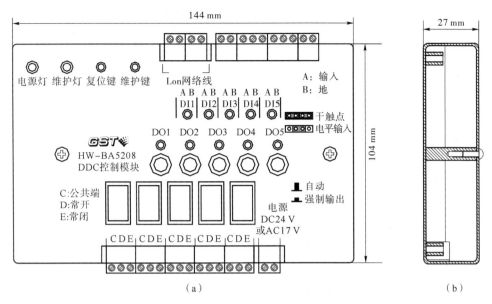

图 6-2　HW-BA5208 DDC 控制模块的外观示意图

(a) 正面；(b) 侧面

(2) 技术特性。

HW-BA5208 DDC 控制模块的技术特性见表 6-1。

表 6-1　HW-BA5208 DDC 控制模块的技术特性

技术特性	指标
工作电压	DC 24 V
工作电流	106 mA
网络	协议，LonTalk
通信介质	双绞线，推荐使用 KeyStone LonWorks 16AWG (1.3 mm) Cable Service 网络安装
I/O 数量	DI 和 DO 各 5 个
输入信号类型	有源开关量信号，无源开关量信号
输入保护	信号输入口具有防反接与过压保护功能
数字输出	5 路数字输出；250VAC/5A 继电器具有手动/自动转换开关，输出选择常开或常闭；具有 LED 指示灯
输出信号类型	DO 触点容量为 250VAC/5A，具有手动/自动转换开关，输出选择常开或常闭

(3) 安装与调试。

① 对外接线端子说明。本模块的对外接线端子共分 4 类：DO 端子、DI 端子、电源端子和 Lon 网络线端子，从左下角开始按逆时针方向编号依次说明见表 6-2。

② 调试。DO 输出口具有强制输出功能，专门用于调试。当需要对某个输出端口进行调试时，可以将该端口对应的强制输出按钮按下，此时，继电器吸合，可以对 DO 口进行调试。

表 6-2　HW-BA5208 DDC 对外接线端子说明

序号	端子名称	注释	序号	端子名称	注释
1	DO1C	公共端，脉冲/数字输入	17	DC 24 V	电源
2	DO1D	常开，脉冲/数字输入	18	DI5B	地
3	DO1E	常闭，脉冲/数字输入	19	DI5A	输入
4	DO2C	公共端，脉冲/数字输入	20	DI4B	地
5	DO2D	常开，脉冲/数字输入	21	DI4A	输入
6	DO2E	常闭，脉冲/数字输入	22	DI3B	地
7	DO3C	公共端，脉冲/数字输入	23	DI3A	输入
8	DO3D	常开，脉冲/数字输入	24	DI2B	地
9	DO3E	常闭	25	DI2A	输入
10	DO4C	公共端，脉冲/数字输入	26	DI1B	地
11	DO4D	常开，脉冲/数字输入	27	DI1A	输入
12	DO4E	常闭	28	NETA	Lon 网双绞线端子
13	DO5C	公共端，脉冲/数字输入	29	NETB	Lon 网双绞线端子
14	DO5D	常开，脉冲/数字输入	30	NETA	Lon 网双绞线端子
15	DO5E	常闭	31	NETB	Lon 网双绞线端子
16	DC 24 V +	电源			

2）HW-BA5210 DDC 控制模块

（1）结构与技术特性。

HW-BA5210 DDC 控制模块是楼宇智能控制系统模块，它采用 LonWorks 现场总线技术与外界进行通信，具有网络布线简单、易于维护等特点。控制器内部有时钟芯片，可以对整个系统的时间进行校准；控制器内部有串行 EEPROM（电可擦编程只读存储器）芯片，可以对一些数据进行记录；控制器内部集成多种软件功能模块，通过相应的 Plug_in，可以对其方便地进行配置，使控制器内部各软件功能模块任意组合，相互作用，从而实现各种逻辑运算与算术运算功能。

HW-BA5210 DDC 控制模块主要由 Control Module 板、模块板和外壳等组成，其外观示意图如图 6-3 所示。各指示和按键的作用如下。

① 电源灯（红色）：接通电源后常亮；

② 维护灯（黄色）：在正常监控下不亮，只有下载程序时闪烁；

③ 维护键：维护按键。

④ 复位键：复位按键。

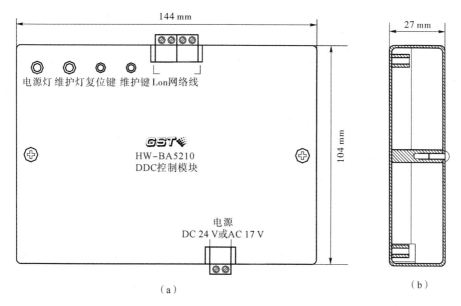

图 6-3 HW-BA5210 DDC 外观示意图

HW-BA5210 DDC 控制模块硬件主要由电源整流、电源变换、神经元模块、时钟芯片、串行 EEPROM、按键、指示等 7 部分组成。电源整流将无极性 24 V 直流电源或 17 V 交流电源转换为有极性 24 V 直流电源；电源变换将输入的 24 V 电压变换为 5 V 输出电压，电压变换芯片采用 LM2575；神经元模块为 CPU；时钟芯片为 PCF8563；串行 EEPROM 芯片为 AT24C64。

HW-BA5210 DDC 的技术特性见表 6-3。

表 6-3 HW-BA5210 DDC 的技术特性

技术特性	指标
工作电压	DC 24 V
工作电流	25 mA
网络	协议，LonTalk
通信介质	双绞线，推荐使用 KeyStone LonWorks 16AWG（1.3 mm）Cable Service 网络安装

（2）安装与调试。

本模块的对外接线端子分为电源端子和 Lon 网络线端子，从左下角开始按逆时针方向编号依次说明见表 6-4。

表 6-4 HW-BA5210 DDC 对外接线端子说明

序号	端子名称	注释	序号	端子名称	注释
1	DC 24 V +	电源	4	NETB	Lon 网双绞线端子
2	DC 24 V -	电源	5	NETA	Lon 网双绞线端子
3	NETA	Lon 网双绞线端子	6	NETB	Lon 网双绞线端子

2. 通用控制程序的基本功能

HW – BA5210 节能运行模块包含两种类型的功能模块，即 RealTime（实时时钟）功能模块和 EventScheduler（任务列表）功能模块。

1）RealTime 功能模块

RealTime 功能模块提供当前日期、时间、星期，以及当前日期、时间、星期的校准，其网络变量说明见表 6 – 5。该功能模块无 Plug_in 配置程序，用户只需操作其网络变量即可完成相应的功能。

表 6 – 5　RealTime 功能模块网络变量说明

缺省名称	缺省类型	描述
nvi_TimeSet	SNVT_time_stamp	输入网络变量，对系统日期和时间进行校准，校准内容包括年、月、日、时、分、秒
nvo_RealTime	SNVT_time – stamp	输出网络变量，输出当前系统日期和时间，包括年、月、日、时、分，该网络变量每分钟刷新 1 次
nvi_WeekSet	SNVT_data_day	输入网络变量，对系统的星期进行校准
nvo_NowWeek	SNVT_data_day	输出网络变量，输出当日是星期几

2）EventScheduler 功能模块

EventScheduler 功能模块根据当前时间、星期及用户输入的周计划表对设备进行定时启/停控制，其网络变量说明见表 6 – 6。

表 6 – 6　EventScheduler 功能模块网络变量说明

缺省名称	缺省类型	描述
nvi_SchEvent	UNVT_sch	输入自定义网络变量，用于任务列表内容的设置
nvo_SchEvent	UNVT_sch	输出网络变量，用于输出任务列表设置内容
nvo_Out	SNVT_switch	输出网络变量，用于输出任务动作

输入自定义网络变量的结构说明如下。

```
typedef struct
{ unsigned short enable;
  unsigned short subenable;
  unsigned short action;
  unsigned short hour1;
  unsigned short minute1;
  unsigned short week1;
  unsigned short hour2;
```

```
    unsigned short minute2;
    unsigned short week2;
    unsigned short hour3;
    unsigned short minute3;
    unsigned short week3;
    unsigned short hour4;
    unsigned short minute4;
    unsigned short week4;
    unsigned short hour5;
    unsigned short minute5;
    unsigned short week5;
    unsigned short hour6;
    unsigned short minute6;
    unsigned short week6;
    unsigned short hour7;
    unsigned short minute7;
    unsigned short week7;
    unsigned short hour8;
    unsigned short minute8;
    unsigned short week8;
} UNVT_sch;
```

(1) enable 为任务列表总使能，0 表示屏蔽，1 表示使能。

(2) subenable 为各时间点的动作使能，0 表示无效，1 表示有效，各位意义如下：第 7 位表示第 1 时间段有效性；第 6 位表示第 2 时间段有效性；第 5 位表示第 3 时间段有效性；第 4 位表示第 4 时间段有效性；第 3 位表示第 5 时间段有效性；第 2 位表示第 6 时间段有效性；第 1 位表示第 7 时间段有效性；第 0 位表示第 8 时间段有效性。

(3) action 为各时间点动作，0 表示停止，1 表示启动。各位意义如下：第 7 位表示第 1 时间段动作；第 6 位表示第 2 时间段动作；第 5 位表示第 3 时间段动作；第 4 位表示第 4 时间段动作；第 3 位表示第 5 时间段动作；第 2 位表示第 6 时间段动作；第 1 位表示第 7 时间段动作；第 0 位表示第 8 时间段动作。

(4) hours N 为第 N 个时间点的小时数，取值为 0~23；

(5) minute N 为第 N 个时间点的分钟数，取值为 0~59；

(6) week N 为第 N 个时间段周的相关性，0 表示无效，1 表示有效。其中，第 6 位表示星期日的有效性；第 5 位表示星期一的有效性；第 4 位表示星期二的有效性；第 3 位表示星期三的有效性；第 2 位表示星期四的有效性；第 1 位表示星期五的有效性；第 0 位表示星期六的有效性。

EventScheduler 功能模块无相应的 Plug_in 配置程序，用户只需操作其网络变量即可对任务列表进行设置。

(1) 使用说明。

EventScheduler 功能模块用来完成对开关量设备的定时启/停操作，具体功能与特点为：

① 设定一台设备在一天当中的 8 个时间点的启/停时间表，启/停时间表仅在一周当中指定的几天有效；

② 按照已经设定好的启/停时间表，通过网络变量准时输出启/停命令；

③ 可以使能或禁用已经设定好的启/停时间表；

④ 设定好的启/停时间表掉电不丢失，且上位机随时可以读取已经设定好的时间表。

HW - BA5210 时钟模块中集成了 9 个任务列表功能模块，每个功能模块均包含一个用于控制设备启/停的输出网络变量，将该输出网络变量绑定到与被控设备对应的输入网络变量上即可实现对被控设备的定时启/停操作。由于每个任务列表功能模块可以提供 8 个启/停时间点，所以当一台或多台被控设备需要超过 8 个的启/停时间点时，就需要由多个任务列表功能模块来配合使用。

一个系统中有多台设备需要进行定时启/停控制的步骤为：

① 将系统中一直具有相同启/停任务表的设备归为一组；

② 为每组设备分配一个或多个任务列表模块；

③ 将任务列表模块的启/停输出网络变量绑定到与其对应的一组设备的输入网络变量上。

(2) 应用举例。

如果一组设备内的设备具有相同的启/停时间任务表，共有 8 个启/停时间点，则各用一个任务列表功能模块即可实现启/停，然后将任务列表功能模块的启/停命令输出网络变量绑定到与其对应的设备的相应输入网络变量上。

① 确定该组设备的定时启/停时间，见表 6 - 7。

表 6 - 7 设备启/停时间控制表

设备组号	时间列表
1	周一到周五日程：①6:00 开；②11:50 关；③13:00 开；④17:00 关 周六、周日日程：⑤9:00 开；⑥16:00 关

② 根据该组设备的定时启/停时间表，对任务列表功能模块配置，见表 6 - 8。

表 6 - 8 任务列表功能模块

使能	时间点	动作	星期设置						
√	6:00	开	日	一	二	三	四	五	六
			×	√	√	√	√	√	×
√	11:50	关	日	一	二	三	四	五	六
			×	√	√	√	√	√	×

续表

使能	时间点	动作	星期设置						
√	13:00	开	日	一	二	三	四	五	六
			×	√	√	√	√	√	×
√	17:00	关	日	一	二	三	四	五	六
			×	√	√	√	√	√	×
√	9:00	开	日	一	二	三	四	五	六
			√	×	×	×	×	×	√
√	16:00	关	日	一	二	三	四	五	六
			√	×	×	×	×	×	√
×	无关	无关	无关						
×	无关	无关	无关						

③ 表6-8对应的网络变量为0x01、0xfc、0xa8、0x06、0x00、0x3e、0x0b、0x32、0x3e、0x0d、0x00、0x3e、0x11、0x00、0x3e、0x09、0x00、0x41、0x10、0x00、0x41、0x00、0x00、0x00、0x00、0x00 和 0x00。

④ 将网络变量转化为十进制数，数据之间用空格隔开：1 252 168 6 0 62 11 50 62 13 0 62 17 0 62 9 0 65 16 0 65 0 0 0 0 0。

⑤ 将计算出来的数值写入网络变量 nvi_SchEvent，并下载到设备中。

> **注意:**
>
> （1）由于启动和停止设定在一个时间点上，可能引起设备的反复启停，因此 Event Scheduler 不支持同一天内2个时间点相同但动作相反的任务。上位机完成时间点重合时动作是否一致的判定，若不一致，给用户提示重新设定。
>
> （2）当一个动作需要跨越2天时，不需要进行分段处理。例如，某一类设备的启动时间是：周一20:00启动，周二8:00停止，则应该设定为：第1点，周一20:00启动；第2点，周二8:00停止。

3. DDC 控制箱

DDC 控制箱由电源、DDC 模块、继电器等组成，主要完成 DDC 照明控制系统的集成。其接线端子如图6-4所示。

其中，Li、Ni 为 AC 220 V 电源输入；L、N 为 AC 220 V 电源输出，带漏电保护；24 V+、24 V- 为 DC 24 V/3 A 电源输出；K1-5、K2-5 为继电器 K1、K2 常开输出端（DC 24 V+），分别接室内、楼道两路照明灯的一端（灯的另一端接到 DC 24 V-）；DI3-A、DI3-B 为 DDC 5208 第3路输入口，接光控开关的 COM、NO；NETA、NETB 为 DDC 控制器 LON 接口。

DDC 监控及照明控制系统接线图如图6-5所示。

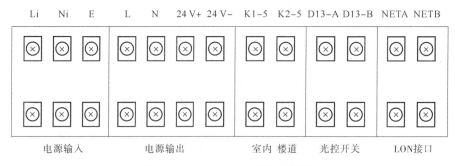

图 6-4 DDC 控制箱的接线端子

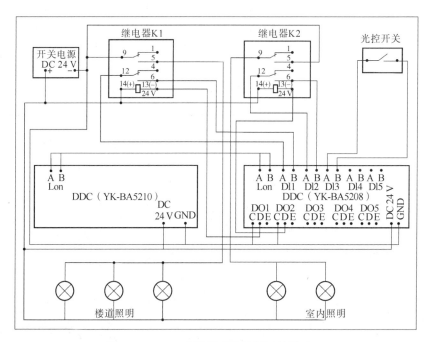

图 6-5 DDC 监控及照明控制系统接线图

6.2.2 DDC 照明监控系统

1. 组网

打开 LonWork 设计界面,按住鼠标左键,拖动"Device"设备并依次添加 DDC 控制器 5208 和 5210,如图 6-6 所示。

2. 设备 5208 的编程设计

1) 添加数字输出功能模块

按住鼠标左键,拖动"Functional Block"到编辑窗口中,弹出如图 6-7 (a) 所示的对话框。

组态软件与DDC监控系统 项目6

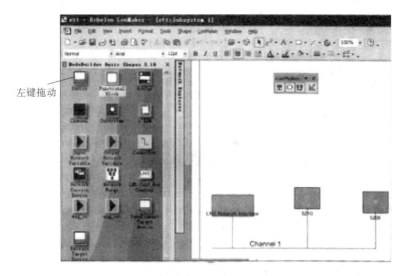

图6-6 照明系统组网界面

（1）在"Device"栏的"Name"下拉列表中选择"5208"选项，在"Function Block"栏的"Name"下拉列表中选择"DigitalOutput（o）"选项，单击"Next"按钮。

（2）在弹出的对话框的"FB Name"文本框中输入"D01"，勾选"Create shaper for all network variables"（所有网络变变）复选框，如图6-7（b）所示。

（3）单击"Finish"按钮，即可编辑窗口中生成DO1模块。

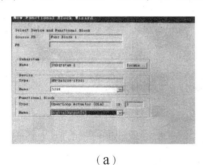 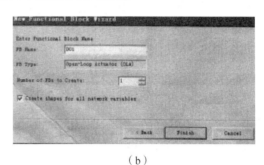

（a） （b）

图6-7 数字输出功能模块"New Functional Block Wizard"对话框

(a) 添加DO1；(b) 设置DO1属性

该数字输出功能模块对应的网络输入变量为nvi_DO。以同样方法添加数字输出功能模块DO2。

2）添加数字输入功能模块

（1）按住鼠标左键，拖动"Functional Block"到编辑窗口中，弹出如图6-7（a）所示的对话框。

（2）在"Device"栏的"Name"下拉列表中选择"5208"选项，在"Function Block"栏的"Name"下拉列表中选择"DigitalInput（2）"选项，如图6-8（a）所示。

（3）单击"Next"按钮，在弹出的对话框的"FB Name"文本框中输入"DI3"，勾选复选框，如图6-8（b）所示。

(4) 单击 "Finish" 按钮, 即可编辑窗口中生成 DI3 模块。该数字输入功能模块对应的网络输出变量为 nvo DI。

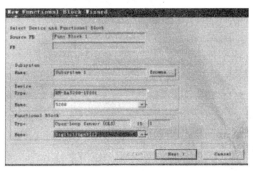
(a)

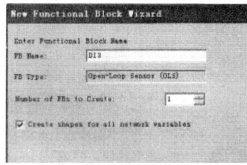
(b)

图 6-8　数字输入功能模块 "New Functional Block Wizard" 对话框
(a) 添加 DI3; (b) 设置 DI3 属性

3) 添加小状态机模块

(1) 按住鼠标左键拖动 "Functional Block" 到编辑窗口中, 弹出如图 6-7 (a) 所示的对话框。

(2) 在 "Pavice" 栏的 "Name" 下拉列表中选择 "5208" 选项, 在 "Functional Block" 栏的 "Name" 下拉列表中选择 "Small ST (0)" 选项, 如图 6-9 (a) 所示。

(3) 单击 "Next" 按钮, 在弹出的对话框的 "FB Name" 文本框输入 "SMT", 勾选复选框, 如图 6-9 (b) 所示。

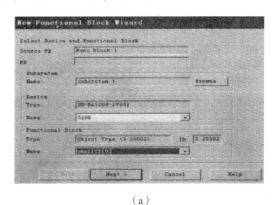
(a)

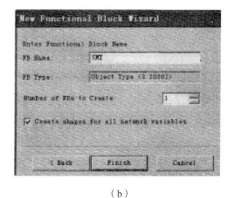
(b)

图 6-9　状态功能模块 "New Functional Block Wizard" 对话框
(a) 添加 SMT; (b) 设置 SMT 属性

(4) 单击 "Finish" 按钮, 即可编辑窗口中生成小状态机模块。

小状态机功能模块对应输入网络变量 nvi_in11、nvi_in21 和输出网络变量 nvo_out1、nvo_out2、nvo_out3。

4) 不同功能模块之间网络变量的绑定

生成的 DO1、DI3 和 SMT 如图 6-10 所示。

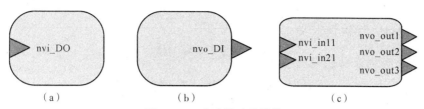

图 6-10　生成的功能模块

（a）数字输出功能模块 DO1；（b）数字输入功能模块 DI3；（c）小状态机模块 SMT

在 LonWork 中通过连线将不同网络变量连接起来。拖动"Connector"至 SMT 模块中的"nvo_out1"上，直到出现红点时松开鼠标，连线的起始端即与"nvo_out1"相连；再拖动连线的另一端至 DOI 模块中的"nvi DO"端子处，直到红点出现时松开鼠标，即可实现两个网络变量的绑定，如图 6-11 所示。

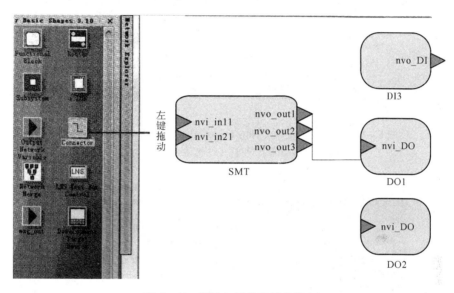

图 6-11　模块与网络变量的绑定

用同样的方法绑定其他网络变量，完成绑定的连接如图 6-12 所示。

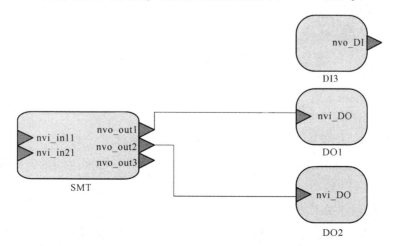

图 6-12　完成绑定的模块

3. 设备 5210 的编程设计

1) 添加任务列表功能模块

(1) 按住鼠标左键，拖动"Functional Block"到编辑窗口中，弹出"New Functional Block Wizard"对话框。

(2) 在"Device"栏的"Name"下拉列表中选择"5210"选项，在"Functional Block"栏的"Name"下拉列表中选择"EventScheduler（0）"选项，如图 6-13（a）所示。

(3) 单击"Next"按钮，在弹出的对话框的"FB Name"文本框中输入"EVCT"，勾选复选框，如图 6-13（b）所示。

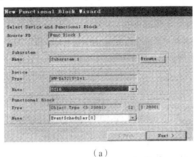
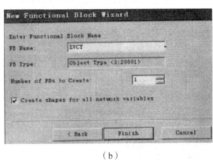

(a)　　　　　　　　　　　　　　　(b)

图 6-13　任务列表模块"New Functional Block Wizard"对话框

(a) 添加任务列表功能模块；(b) 设置任务列表功能模块

(4) 单击"Finish"按钮，即可建成任务列表功能模块，建成后的界面如图 6-14 所示。

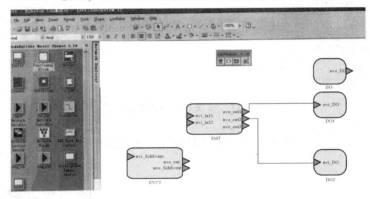

图 6-14　建成任务列表（EVCT）后的设计界面

任务列表功能模块 EVCT 包含 1 个输入网络变量和 2 个输出网络变量，输入网络变量为 nvi_SchEvent，输出网络变量为 nvo_out 和 nvo_SchEvent。

2) 5210 任务列表模块与 5208 小状态机模块之间网络变量的绑定

参照 5208 不同模块网络变量的绑定方法，绑定 5210 与 5208 之间的网络变量，绑定后的网络系统如图 6-15 所示。

3) 添加实时时钟功能模块

(1) 按住鼠标左键，拖动"Functional Block"到编辑窗口中，弹出"New Function Block Wizard"对话框。

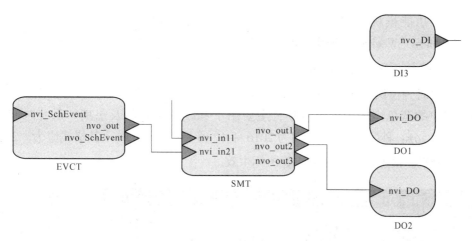

图 6-15 绑定后的网络系统

（2）在"Device"栏的"Name"下拉列表中选择"5210"选项，在"Device"栏的"Name"中选择"Real Time"选项，如图 6-16（a）所示。

（3）单击"Next"按钮，在弹出的对话框中的"FB Name"文本框中输入"RET"，勾选复选框，如图 6-16（b）所示。

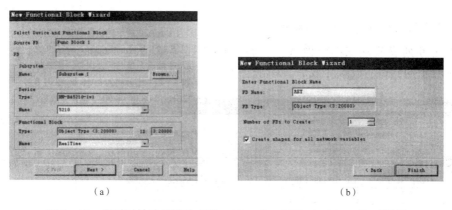

图 6-16 实时时钟功能模块"New Functional Block Wizard"对话框
(a) 添加实时时钟功能模块；(b) 设置实时时钟功能模块

（4）单击"Finish"按钮，即可建成任务列表功能模块，建成后的界面如图 6-17 所示。

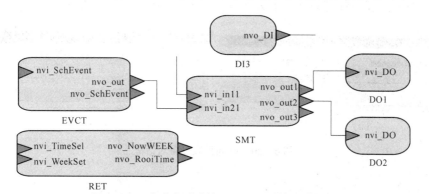

图 6-17 建成实时时钟（RET）后的设计界面

实时时钟功能模块包含 2 个输入网络变量和 2 个输出网络变量，输入网络变量为 nvi_TimeSet 和 nvi_WeekSet，输出网络变量为 nvo_NowWeek 和 nvo_RealTime。

4）实时时钟模块的时间设定

右击实时时钟模块，在弹出的快捷菜单中选择"Configure"命令，打开如图 6-18 所示的窗口，其中的蓝色内容为可更改项，主要用于修改系统时间及星期。系统时间格式为"年/月/日 时：分：秒"，如系统时间为 2016 年 12 月 8 日 9 点 8 分，其格式应为"2016/12/08 09：08：00"。设置完成后，单击 图标生效。

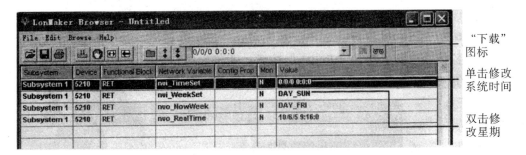

图 6-18 实时时钟设置窗口

5）任务列表模块 EVTC 的编程

右击任务列表模块 EVTC 模块，在弹出的快捷菜单选择"Configure"命令，打开如图 6-19 所示的窗口，设置完成后，单击"下载"图标生效。

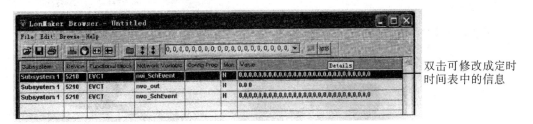

图 6-19 任务列表设置窗口

双击任务列表设置窗口中的项目，弹出时间列表设置对话框，在"Object Value"文本框中输入定时时间表中对应信息的十进制数，输入前后的对话框如图 6-20 所示。

（a）　　　　　　　　　　　　　　　（b）

图 6-20 时间列表设置对话框
（a）输入前；（b）输入后

单击"OK"按钮,返回任务列表设置窗口,单击"下载"图标完成设置。设置后的时间列表信息如图 6-21 所示。

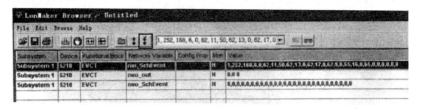

图 6-21 设置后的时间列表信息

6) 小状态机 SMT 的编程

右击小状态机 SMT 模块,在弹出的快捷菜单选择"Configure"命令,弹出如图 6-22 所示的对话框,在"输入输出"选项卡左侧的"输入变量设置"栏中设置端口。

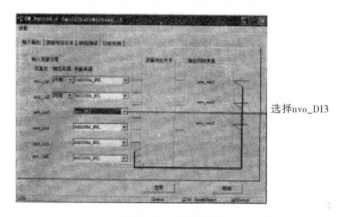

图 6-22 设置端口

在"逻辑对应关系"选项卡选中状态,在"对应关系组"下拉列表中分别选择"Task List 1""Task List 2""Task List 3""Task List 4"和"Task List 5",各状态的输入和输出状态如图 6-23 所示。

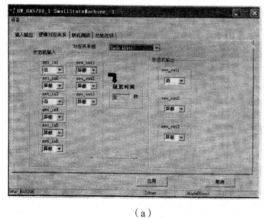

(a)

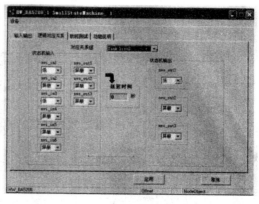

(b)

图 6-23 设置状态

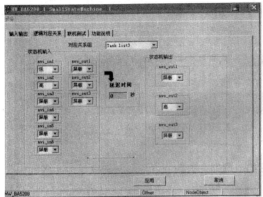
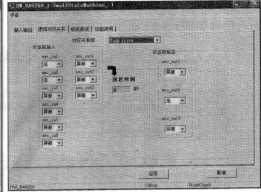

(c)　　　　　　　　　　　　　　　　　(d)

(e)

图 6-23　设置状态（续）

(a) Task List 1；(b) Task List 2；(c) Task List 3；(d) Task List 4；(e) Task List 5

4. 力控监控组态软件编程

1) 定义 I/O 设备

新建一个"楼宇监控平台"工程项目，进入"楼宇监控平台主画面"窗口。

在窗口左侧的"工程项目"栏中双击"I/O 设备组态"，进入 I/O 设备组态窗口，如图 6-24 所示。

图 6-24　I/O 设备组态窗口

在窗口左侧展开"I/O 设备/FCS/ECHELON",单击"LNS"图标,弹出"LNS 设备定义"对话框;在"接口"下拉列表中选择"LON1"选项,在"网络"下拉列表中选择"ett"选项,如图 6-25 所示;单击"确认"按钮,完成设置。

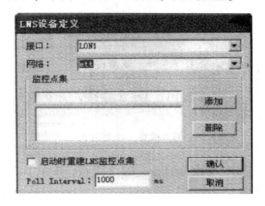

图 6-25 "LNS 设备定义"对话框

2)数据库组态

在"楼宇监控平台主画面"窗口左侧的"工程项目"栏双击"数据库组态",进入数据库组态窗口,如图 6-26 所示。

图 6-26 数据库组态窗口

(1)输入数字量的设置。

单击窗口左侧的"数字 IO 点"图标,双击右侧的点名"DI1",弹出如图 6-27(a)所示的对话框;单击"数据连接"选项卡,勾选左侧的复选框,如图 6-27(b)所示;单击右侧的"增加"或"修改"按钮,弹出如图 6-28 所示的对话框;单击左侧的网络名称"ett",展开子项目;单击设置"5208"中的对象"nvo DI_3",将变量口与设备的 nvo_DI_1 连接。

(a) (b)

图 6-27 输入变量 DI1 设置对话框

(a)"基本参数"选项卡;(b)"数据连接"选项卡

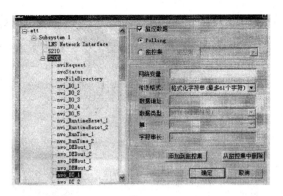

图 6-28 输入变量 DI1 建立连接对话框

重复上述操作,将变量 DI1 与设备的 nvo_DI_2 连接,变量 DI3 与设备的 nvo_DI_3 连接。

(2) 输出数字量的设置。

在如图 6-26 所示的数据库组态窗口的左侧单击"数字 I/O 点"图标,在右侧双击"DO1"点,弹出 DO1 设置对话框,如图 6-29 所示。

图 6-29 输出变量 DO1 设置对话框

参照输入变量建立连接的方法为 DO1 与设备的 nvi_DO_1 建立连接,如图 6-30 所示。以同样的方式为 DO2 与设备的 nvi _DO_2 建立连接。

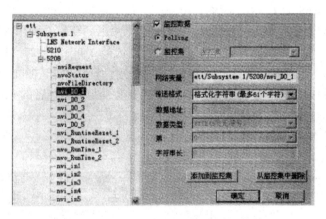

图 6-30 输出变量 DO1 建立连接对话框

(3) 中间变量的数据连接。

在数据库组态窗口的左侧单击数字"I/O"点图标,在右侧双击"D_MANU",弹出中间变量 D_MANU 设置对话框,如图 6-31 所示。

组态软件与DDC监控系统 项目6

图 6-31　中间变量 D_MANU 设置对话框

参照输入变量建立连接的方法为 D_MANU 与设备的 nvi_in11_1 建立连接，如图 6-32 所示。

图 6-32　中间变量 D_MANU 建立连接对话框

3) 设计工程窗口

楼宇智能化照明系统主控窗口如图 6-33 所示。系统时间设置为当前时间，控制方式设置为手动。

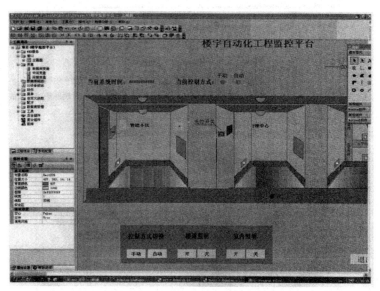

图 6-33　楼宇智能化照明系统主控窗口

4) 设置动画连接

(1) 当前系统时间的动画连接。

① 双击主控窗口中的"当前系统时间"文本框，弹出文本的"动画连接"对话框，如

159

图 6-34 所示。

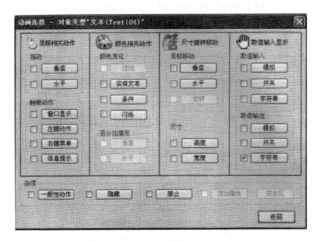

图 6-34 "动画连接"对话框

② 单击"字符串"按钮,弹出"字符输出"对话框,如图 6-35 所示。

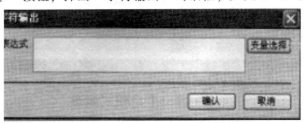

图 6-35 "字符输出"对话框

③ 单击"变量选择"按钮,弹出"变量选择"对话框,如图 6-36 所示。

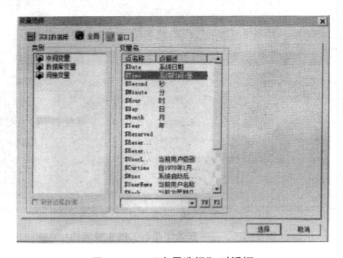

图 6-36 "变量选择"对话框

④ 在对话框左侧的"类型"栏单击"间接变量",在右侧的"变量名"栏单击"系统时间",然后单击"选择"按钮,完成时间设置。

(2) 指示灯的动画连接。

① 双击主控窗口中"当前控制方式"的手动指示灯图标,弹出手动指示灯的"动画连接"对话框,如图 6 – 37 所示。

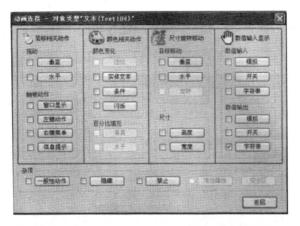

图 6 – 37 手动指示灯的"动画连接"对话框

② 单击"颜色相关动作"栏的"条件"按钮,弹出"颜色变化"对话框,如图 6 – 38 所示。

图 6 – 38 手动指示灯的"颜色变化"对话框

③ 在"颜色变化"对话框中单击"变量选择"按钮,弹出手动指示灯的"变量选择"对话框,如图 6 – 39 所示。

图 6 – 39 手动指示灯的"变量选择"对话框

④ 按图示选择变量后单击"选择"按钮,返回"颜色变化"对话框。

⑤ 在"表达式"栏中输入"D_MANU. DESC = ="0.0 1"",单击"确认"按钮,完成动画连接。

参照手动指示灯动画连接过程设置自动指示灯、室外指示灯、室内指示灯和光控开关指示的动画连接，其中条件表达式栏中输入的条件分别为"D_MANU.DESC＝＝"0.0 0";""DI1.DESC＝"100.0 1";""DI2.DESC＝"100.0 1";"和"DI3.DESC＝＝"100.0 1",。

（3）按钮的动画连接。

① 在主控窗口中双击"手动"按钮，弹出手动按钮的"动画连接"对话框，如图6-40所示。

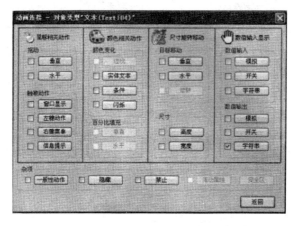

图6-40 手动按钮"动画连接"对话框

② 在对话框中单击"左键动作"按钮，进入"脚本编辑器"窗口。

③ 在脚本编程器中单击"按下鼠标"图标，在文本栏中输入程序"D_MANU.DESC＝＝"0.0 1";"，如图6-41所示。

图6-41 "脚本编辑器"窗口

关闭窗口，完成动作连接。

参照手动按钮的动画连接过程，设置自动按钮、楼道照明手动开灯按钮、楼道照明手动关灯按钮、室内照明手动开灯按钮、室内照明手动关灯按钮和退出按钮的动画连接，脚本栏中输入的程序分别为"D MANU.DESC＝＝"0.0 0";""DO1.DESC"0.0 1";""DO1.DESC＝＝"0.0 0"."DO2.DESC＝＝"0.0 1";""DO2.DESC＝＝"0.0 0";"和"Exit（0）;"。

6.3 任务3 中央空调监控系统的基本操作

学习目标

(1) 掌握一次回风中央空调系统的 DDC 基本控制过程。
(2) 掌握 LonMaker 软件进行 DDC 编程。
(3) 完成 DDC 模块中的 AI、DI、AO、DO 信号与直接数字控制器的硬件连接,并绘出 DDC 硬件连接图。
(4) 通过直接数字控制器面板或 DDC 编程软件观察模拟输入信号的变化。
(5) 通过 DDC 编程软件改变模拟输出信号,观察通用 I/O 实训模块中 AO 信号的变化。
(6) 通过 DDC 编程软件修改数字输出信号,观察通用 I/O 实训模块中 DO 信号的变化。

6.3.1 中央空调监控系统

1. 中央空调一次回风控制系统

中央空调一次回风控制系统的组成如图 6-42 所示。空调机组集中设置在空调机房,房间内所需风量由空调机组进行冷却、加热、加湿、初效和中效(如果是洁净空调系统),而后由送风机通过送风管送到房间的吊顶上方,再经过高效过滤器(洁净房间)或普通风口(普通房间)送到室内。室内的空气由回风口收集后,再由回风管送回空调机组的回风段,与新风混合后再次循环。

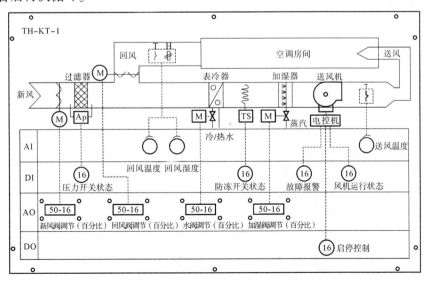

图 6-42 中央空调一次回风控制系统的组成

1) 一次回风

一次回风是送进来的新风,一部分是室外新风,一部分是室内回风,二者混合后一起送入室内称为一次回风系统。中央空调一次回风系统通过回风处理,较好地解决了夏季、冬季空气调节质量与效率之间的矛盾。

本系统完成对中央空调一次回风系统中典型控制对象的调节和控制,控制要求包括对回风湿度和温度的控制。

2) 中央空调一次回风系统的控制

中央空调一次回风系统的控制包括回风温度控制和回风湿度控制。

(1) 回风温度控制根据设定值与测量值之差,由 PID 控制冷/热水阀的开度,保证回风温度为设定值。

(2) 回风湿度控制自动控制加湿阀启/停,保证回风湿度为设定值。

它根据设定值与测量值之差,由 PID 控制冷/热水阀的开度,保证回风温度为设定值。在夏季工况时,若回风温度升高,控制器则控制电动二通阀开大水阀;若回风温度降低时,控制器则控制电动二通阀关小水阀。在冬季工况时,若回风温度升高时,控制器则控制电动二通阀关小水阀;若回风温度降低,控制器则控制电动二通阀开大水阀。

(3) 压差开关用于检测过滤网的清洁程度,过滤网过脏时,过滤网两边的压差越大,达到某一数值后输出报警信号。

(4) 当盘管温度过低时发出报警信号,并关闭风机和风阀,打开冷/热水调节阀。防冻开关在盘管温度过低时,具有保护作用。

(5) 风阀执行器与风机联锁,保证风机停机时电动风阀也关闭。

2. 中央空调系统典型 DDC 概述

1) TH-BA1108 DCC 控制模块的组成

TH-BA1108 DDC 控制模块由核心板、控制主板和外壳等组成,如图 6-43 所示。

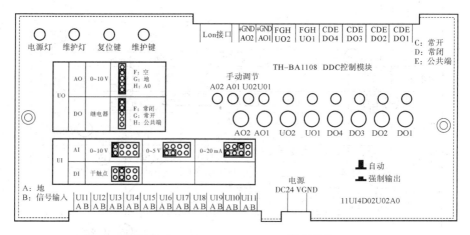

图 6-43 TH-BA1108 DDC 控制模块

面板上主要有指示灯、电源灯、按键等功能部件。

(1) 指示灯：维护灯（绿色）正常监控时不亮，下载程序时闪烁；DO1~DO4，UO1~UO2（黄色）相应路继电器吸合时点亮。

(2) 电源灯（红色）：模块上电后常亮。

(3) 按键：维护键、复位键；DO1~DO4、UO1~UO2，AO1~AO2：自动/强制输出转换按键，按键按下时相应路为强制输出。

2) TH-BA1108控制模块的接线端子

TH-BA1108控制模块的接线端子共分6类：UI端子、电源端子、DO端子、UO端子、AO端子和Lon网络线端子，从左下角按逆时针方向编号，其定义见表6-9。

表6-9 TH-BA1108控制模块的接线端子

序号	端子名称	注释	序号	端子名称	注释
1	UI1 A	地	25	DO1C	常闭
2	UI1 B	通用输入1	26	DO1D	常开
3	UI2 A	地	27	DO1E	公共端
4	UI2 B	通用输入2	28	DO2C	常闭
5	UI3 A	地	29	DO2D	常开
6	UI3 B	通用输入3	30	DO2E	公共端
7	UI4 A	地	31	DO3C	常闭
8	UI4 B	通用输入4	32	DO3D	常开
9	UI5 A	地	33	DO3E	公共端
10	UI5 B	通用输入5	34	DO4C	常闭
11	UI6 A	地	35	DO4D	常开
12	UI6 B	通用输入6	36	DO4E	公共端
13	UI7 A	地	37	UO1F	常闭
14	UI7 B	通用输入7	38	UO1G	常开
15	UI8 A	地	39	UO1H	公共端
16	UI8 B	通用输入8	40	UO2F	常闭
17	UI9 A	地	41	UO2G	常开
18	UI9 B	通用输入9	42	UO2H	公共端
19	UI10 A	地	43	AO1+	模拟1输出
20	UI10 B	通用输入10	44	AO1GND	模拟1输出地
21	UI11 A	地	45	AO2+	模拟2输出
22	UI11 B	通用输入11	46	AO2GND	模拟2输出地
23	DC 24 V	电源输入+	47	NETA	LON网双绞线端子
24	GND	电源输入-	48	NETB	LON网双绞线端子

3) TH-BA1108 DDC 控制模块的跳线

通过短路帽跳线可以将 UI 设置成 0~10 V、0~5 V、0~20 mA 模拟量输入模式或干触点开关量输入模式,跳线如图 6-44 所示,其中 ⊡ 表示将相邻的两个插针用短路帽短接。

通过跳线可以将 UO 设置成 0~10 V 模拟量输出模式或继电器输出模式,如图 6-45 所示。

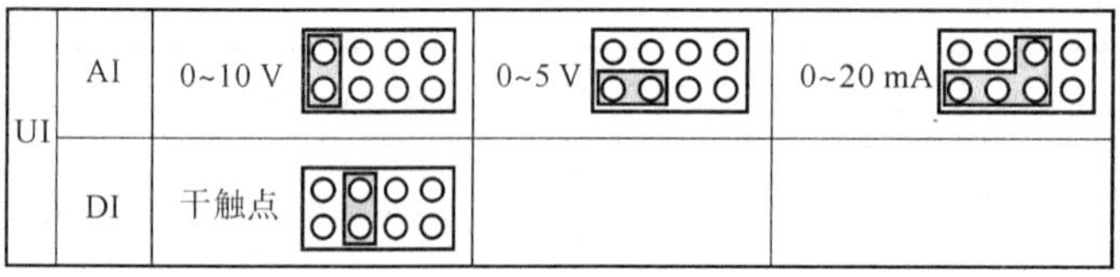

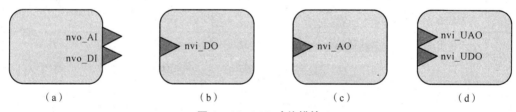

图 6-44 UI 跳线 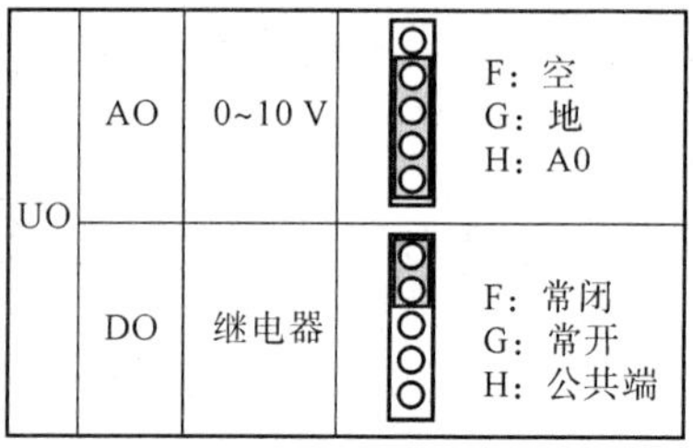   图 6-45 UO 跳线

4) I/O 主要功能模块

I/O 主要功能模块有 4 种:通用输入功能模块(UI)、开关量输出功能模块(DO)、模拟量输出功能模块(AO)和通用输出功能模块(UO),如图 6-46 所示。它们分别用于监控 DDC 控制器的通用输入、开关量输出、模拟量输出和通用输出,每个通用输出功能模块具有两个插件,即模拟量输出(AO)和开关量输出(DO),其插件与模拟量输出(AO)和开关量输出(DO)的插件相同。各功能模块的网络变量见表 6-10。

图 6-46 I/O 功能模块

(a) 通用输入功能模块(UI);(b) 开关量输出功能模块(DO);
(c) 模拟量输出功能模块(AO);(d) 通用输出功能模块(UO)

表 6-10 I/O 功能模块的网络变量

功能模块名称	缺省网络变量名称	变量类型	描述
通用输入功能模块(UI)	nvo_AI [0] ~ nvo_AI [10]	SNVT_temp_f	11 路输出各输入口的模拟量测量值
	nvo_DI [0] ~ nvo_DI [10]	SNVT_switch	11 路输出各输入口的开关量测量值
开关量输出功能模块(DO)	nvi_DO [0] ~ nvi_DO [3]	SNVT_switch	驱动 4 路开关量输出

续表

功能模块名称	缺省网络变量名称	变量类型	描述
模拟量输出功能模块（AO）	nvi_AO［0］~ nvi_AO［1］	SNVT_lev_cont_f	驱动2路模拟量输出口
通用输出功能模块（UO）	nvi_UAO［0］~ nvi_UAO［1］	SNVT_lev_cont_f	驱动2路通用输出口
	nvi_UDO［0］~ nvi_UDO［1］	SNVT_switch	驱动2路通用输出口

（1）通用输入功能模块配置对话框如图6-47所示。

该对话框可以对DDC控制器的11路通用输入的状态进行监测，其中变量nvo_AI_X表示模拟量输入，范围为0.0~100.0，浮点数，表示输入量程的百分比；nvo_DI_X表示开关量状态，"0.0 0"表示开关无动作，"100.0 1"表示开关动作，其中只有最后一位状态有效；UCPTsampleTime表示采样时间，格式为天、时、分、秒、毫秒，其中只有秒有效，范围为0~60。

⚠️ **注意：**
对于未使用的通道，采样时间应设置为0 0 0 0 0，以缩短CPU扫描周期。

（2）开关量输出功能模块配置对话框如图6-48所示。

输入数值"0.0 1"可以控制继电器动作，输入数值"0.0 0"可以控制继电器恢复，其中只有最后一位状态有效，1实现开，0实现关。

图6-47 通用输入功能模块配置对话框

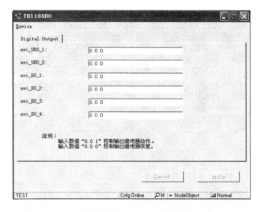

图6-48 开关量输出功能模块配置对话框

（3）模拟量输出功能模块配置对话框如图6-49所示。

输入数值"0~100"可以控制模拟量输出百分比（0~-100%对应0~10 V）。

5）通用PID功能模块

通用PID功能模块如图6-50所示。该功能模块根据过程变量（PV）与设定值（Setpoint）对输出网络变量（CV）的值进行控制，其中，过程变量由测量环境参数的传感器确定，设定值表明要求过程变量最终达到的值，PID控制器根据这些值进行PID运算，输出一个控制变量，从而驱动用以影响环境变量的执行器。

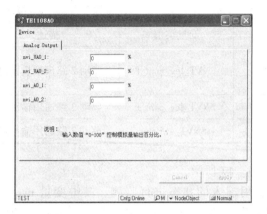

图6-49 模拟量输出功能模块配置对话框

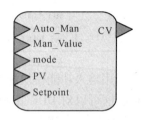

图6-50 通用PID功能模块

该PID功能模块采用增量式PID进行设计,可以完成基本的单回路控制,同时具有手动/自动切换功能,其接收的网络变量和控制输出的网络变量全部为物理变量的百分比。其网络变量说明见表6-11。

表6-11 通用PID功能模块使用的网络变量

缺省名称	缺省类型	描述
Auto_Man	SNVT_switch	手动/自动输入网络变量,该网络变量的值为0.00时表示自动模式,为0.01时表示手动模式。
Man_Value	SNVT_lev_cont_f	当为手动模式时对水阀的手动设定值。
PV	SNVT_temp_f	过程网络变量(过程值)
Setpoint	SNVT_temp_f	设定网络变量(设定值)
CV	SNVT_lev_cont_f	控制输出网络变量(控制输出)
UCPTdeadband	浮点型	PID控制的死区
UCPTpidCoefficients	PID控制参数	struct { 　　FLOAT Pterm 比例系数 　　FLOAT Iterm 积分系数(单位:s) 　　FLOAT Dterm 微分系数(单位:s) 　　FLOAT bias 无用 　　UNVT_Boolean reversing 正/反作用 未使用 　　UNVT_Boolean cascade 未使用 } UCPTpidCoefficients
UCPTsampleIntervalMult1	长整形数	PID控制器的采样时间间隔(单位:s)

通用PID功能模块配置对话框如图6-51所示。

(1)设定值指所要控制的目标数值,范围为0~100%;过程值指由现场传感器检测出的环境变量数值,范围为0~100%;手/自动指PID控制器的控制方式,有手动和自动2种方式可以选择;手动值指手动控制方式下控制器控制输出的数值。

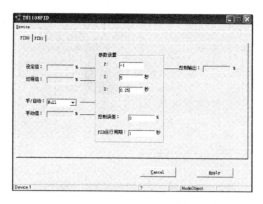

图6-51 通用PID功能模块配置对话框

(2) P指PID控制器的比例放大系数,I指PID控制器的积分时间,D指PID控制器的微分时间,控制误差指PID控制器的控制误差范围,PID运行周期指PID控制器2次运算之间的时间间隔。

(3) 控制输出指PID控制器的运算结果,用于控制执行器的动作,范围为0~100%。

6.3.2 中央空调监控系统的操作

(1) 把THDDC1108双PID节点程序内的所有文件复制到C:\LonWorks\Import中,参考"LonMaker 6.1软件的插件注册",将THDDC1108双PID插件文件中的所有插件注册到系统中。

(2) 配置节点端口。功能模块是Visio图中Functional Block的英文直译,TH-BA1108模块的I/O口配置属性需要拖入功能模块设置,在此称为节点端口,以区别PID和状态机等实现各种逻辑、计算及控制作用的功能模块。

(3) 在"开始"菜单中选择"程序/LonMaker for Windows"命令,弹出"Echelon LonMaker"对话框,如图6-52所示。

(4) 单击"New Network"按钮,建立一个新的网络文件。如果需要加载宏定义选项,则在如图6-53所示的对话框中单击"Enable Macros"按钮,弹出"Network Wizard"对话框。

图6-52 "Echelon LonMaker"对话框

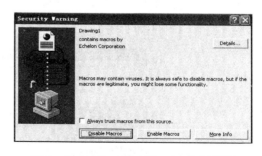

图6-53 "Security Warning"对话框

(5) 在"Network Name"文本框中输入网络文件名称,如"BAS",如图6-54(a)所示。

(6) 单击"Next"按钮,在弹出的对话框中选择连接在用的网络接口,如图6-54(b)所示。

(a)　　　　　　　　　　　　　　　　　(b)

(c)

图6-54　"Network Wizard"对话框

(a)网络名称输入；(b)接口选择；(c)管理模式设置

> **注意：**
> 一般默认应用接口为LON1，可以在"开始"菜单中选择"控制面板"命令，进入"控制面板"窗口，双击"LonWorks Interfaces"图标，在新窗口的USB选项中查看应用接口。

(7) 单击"Next"按钮，在弹出的对话框中选择网络设备"DDC"的管理模式，此处选中在线模式，如图6-54(c)所示。

(8) 单击"Next"按钮，进入注册窗口；单击Finish注册插件，进入网络编辑窗口，如图6-55所示。如果需要注册的插件未注册，则参照"LonMaker 6.1软件的插件注册"，选择需要注册的功能插件重新注册。

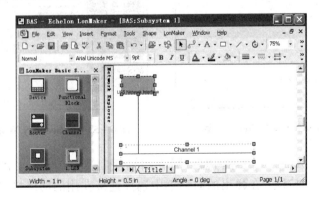

图6-55　网络编辑窗口

(9) 在 Lon 网络文件中添加设备。从左侧的 LonMaker 基本图形库中拖出一个设备图形到右侧编辑区，如图 6-56 所示。

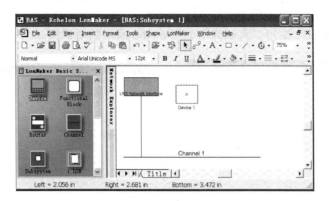

图 6-56 添加设备

(10) 输入设备名称"BA1108"，勾选 Commission Device，然后单击"Next"按钮，弹出"New Device Wizard"对话框，如图 6-57 所示。

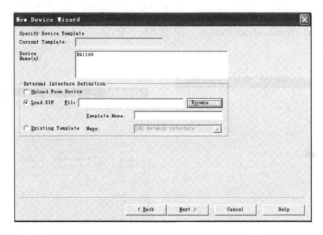

图 6-57 "New Device Wizard"对话框

(11) 选中"Load XIF"单选按钮，单击"Browse"按钮，弹出"打开"对话框，如图 6-58 所示。

图 6-58 "打开"对话框

（12）选择要下载的节点程序（给排水系统选择 THDDC1108HYGS. XIF，中央空调一次回风系统选择 THDDC1108. XIF），开始复制文件，完成后 "New Device Wizard" 对话框中显示节点程序的路径，如图 6－59 所示。

（13）单击 "Next" 按钮，直到弹出如图 6－60 所示的对话框。

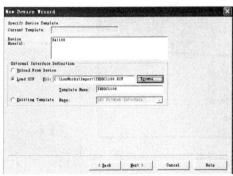

图 6－59　下载节点　　　　　　　　图 6－60　下载方式选择

（14）选中 "Service Pin" 单选按钮后单击 "Next" 按钮，弹出如图 6－61 所示的对话框。

（15）勾选 "Load Application Image" 复选框，单击 "Next" 按钮，弹出如图 6－62 所示的对话框。

 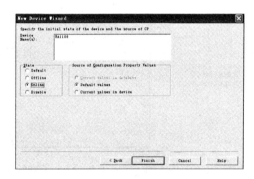

图 6－61　下载模板　　　　　　　　图 6－62　设备设置

（16）确认设备初始状态和配置属性资源后单击 "Finish" 按钮，弹出联机调试准备对话框，如图 6－63 所示。

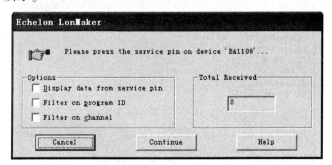

图 6－63　联机调试准备对话框

(17)按 DDC 设备"维护"键,节点程序下载完毕通信正常时设备图形为绿色。拖出功能模块建立节点端口,如图 6-64 所示。

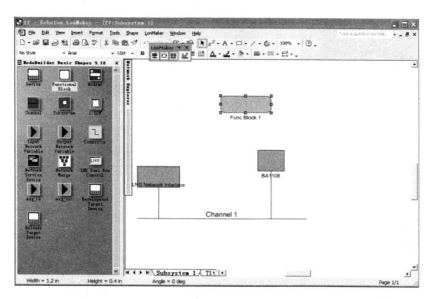

图 6-64 拖出功能模块

(18)建立各个节点端口。在"New Functional Block Wizard"对话框中单击"Next"按钮,在弹出的对话框中输入节点名称"Func Block"并勾选"Create shapes for all network variables"复选框,如图 6-65(b)所示;单击"Finish"按钮,完成节点端口的建立。

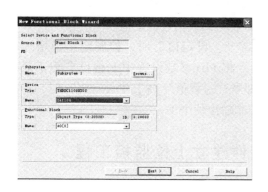 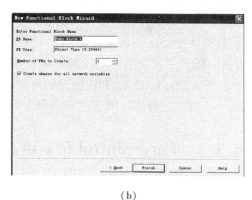

(a)   (b)

图 6-65 "New Functional Block Wizard"对话框
(a)节点端口类型选择;(b)节点端口命名

(19)建立如图 6-66 所示的各功能模块。

如果想制作样例工程,则将新建工程命名为"KTG",步骤(10)输入设备名称"kt"。再按步骤(9)从左侧的 LonMaker 基本图形库中拖出一个设备图形到右侧编辑区,输入设备名称"gp",在步骤(12)选择 THDDC1108HYGS. XIF,在下载模板时选择 THDDC1108HYGS. APB,其他操作不变。

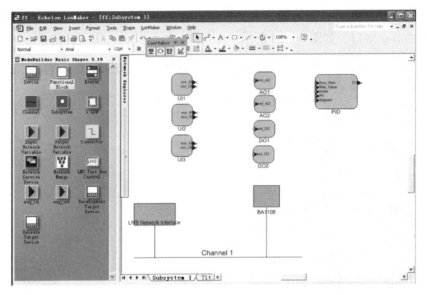

图 6-66 部分功能模块

（20）输入端口配置。选中端口 UI1 并右击，在弹出的快捷菜单中选择"Configure"命令，弹出输入控制模块配置对话框，改变采样时间，完成 UI 的配置。

在"UCPTsampleTime"中将应用通道采样时间改为 1 s，单击"Apply"按钮。

（21）PID 功能模块配置。选中 PID 功能模块并右击，在弹出的快捷菜单中选择"Configure"命令，弹出"通用 PID 功能模块配置"对话框。

在 PID 选项卡中设置 PID 参数，对输出进行自动控制时，根据采集到的过程值，通过 PID 控制算法对水阀开度进行自动调节，使环境温度达到或接近设定值。

设置参数按反比例调节，即当"过程值"高于"设定值"时，控制输出值增加；当"过程值"低于"设定值"时，控制输出值降低。将 PID 参数设置中 P 值设置为正值，如 P：1，I：5 s，D：0.25 s，PID 按正比例调节，即当"过程值"高于"设定值"时，控制输出值减小；当"过程值"低于"设定值"时，控制输出值增加。

6.3.3　Forcecontrol 6.1 组态软件建立上位监控工程

1. 编程前准备

（1）设计控制器输入输出点对照表，见表 6-12。
（2）使用 TP/FT-10 网卡连接 DDC 控制器 Lon 总线和计算机的 USB 接口。

表 6-12　中央空调一次回风系统控制器对照表

输入端口	类型	定义	点名	输出端口	类型	定义	点名
UI1	空	空	空	AO2	AO	新风阀调节	newair
UI2	AI	回风温度	returnT	AO1	AO	回风阀调节	returnair

续表

输入端口	类型	定义	点名	输出端口	类型	定义	点名
UI3	AI	回风湿度	returnH	UO2	AO	水阀开度	watervalve1
UI4	AI	送风温度	windvalve	UO1	AO	加湿阀调节	damp1
UI5	DI	压差开关	differentP1	DO4	DO	风机启/停	fan1
UI6	DI	防冻开关	freezeproofing1			设定温度	windT1
UI7	DI	故障报警	fanfault1			设定湿度	humset
UI8	DI	风机运行状态	fanstatus1				

2. 组态

（1）登录 Forcecontrol 组态软件，在菜单栏中选择"新建"命令，弹出"新建工程"对话框，输入工程名称"中央空调一次回风 DDC 控制系统"，如图 6-67 所示。

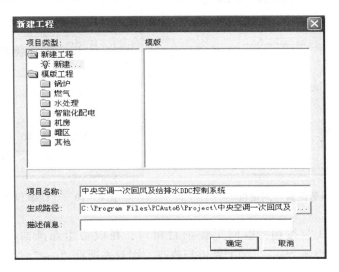

图 6-67 "新建工程"对话框

（2）单击"确定"按钮，选中新建的工程应用；单击"开发"按钮，进入开发系统。

（3）在工程项目导航栏中依次双击"I/O 设备组态/FCS/ECHELON（埃施朗）"使其展开，然后选择项目"LNS"，如图 6-68 所示。

（4）双击"LNS"，弹出"设备配置"对话框，在"设备名称"文本框中输入定义的名称，如"one"；然后设置名称为"one"的 DDC 设备的采集参数，即"更新周期"和"超时时间"，在"更新周期"输入框内输入 2 000，下拉列表选择"毫秒"，在"超时时间"文本框中输入"8"，下拉列表选择"秒"，如图 6-69 所示。

（5）单击"下一步"按钮，弹出"LNS 设备定义"对话框，在其中选择接口和网络，勾选"启动时重建 LNS 监控点集"复选框，如图 6-70 所示。

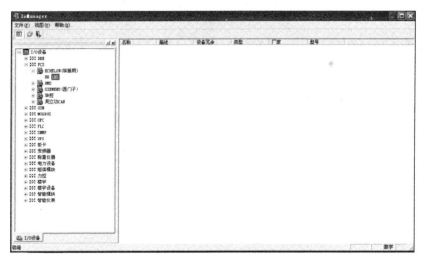

图 6-68 工程项目窗口

图 6-69 "设备配置"对话框

图 6-70 "LNS 设备定义"对话框

(6) 单击"确认"按钮,返回工程项目窗口,在设备组态画面的右侧增加了一项"one"。若要对 I/O 设备"one"的配置进行修改,则双击项目"one",弹出"one"的"设备配置"对话框;若要删除 I/O 设备"one",则右击项目"one",在弹出的快捷菜单中选择"删除"命令即可。

3. 建点

建点是将控制器内部工程的输入/输出端口或变量与控制对象对应起来,如建立一个数字输入点。

(1) 打开"楼宇监控平台"工程项目进入如图 6-24 所示的"楼宇监控平台主画面"窗口。

(2) 在窗口左侧的"工程项目"栏中双击"数据库组态",进入"数据库组态"窗口。

(3) 双击实时数据库(Db Manager)右侧的表格,弹出数据库区域、点类型指定对话框,如图 6-71 所示。

组态软件与DDC监控系统 项目6

图6-71 数据库区域、点类型指定对话框

（4）双击"数字I/O点"，弹出"数字I/O点"对话框，在"点名"文本框中输入"differentialp"，如图6-72（a）所示。

（5）单击"数据连接"选项卡，在左侧选中"DESC"，在右侧选中"I/O设备"，如图6-72（b）所示。

（a）"基本参数"选项卡

（b）"数据连接"选项卡

图6-72 "数字I/O点"配置对话框
（a）"基本参数"选项卡；（b）"数据连接"选项卡

（6）单击"连接项"文本框右侧的"增加"按钮，添加相应工程内网络变量，找到KTG/Subsystem l/kUnvo_DI_4，单击"确定"按钮，使DDC控制器中变量与力控工程中的变量建立关联，此时在实时数据库"Db Manager"右侧表格"I/O连接"中可以看到DESC = one：KTG/Subsysteml/kt/nvo_DI 4IFMT；Poll。

4. 画面组态

（1）在如图6-24所示的"楼宇监控平面主画面"窗口左侧的"窗口"选项上右击，在弹出的快捷菜单中选择"新建窗口"命令，弹出"窗口属性"对话框，如图6-73所示。

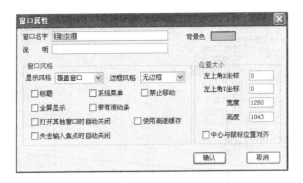

图6-73 "窗口属性"对话框

（2）在"窗口名字"文本框中输入名称，如"主画面1"，在"窗口风格"和"位置大小"分别设置窗口风格、位置和大小，并设置背景色，然后单击"确定"按钮进入窗口。

（3）在窗口上画出两个方框，分别用绿色和黄色填充，作为压差开关的画面元件故障和正常两种状态，绿色代表正常，黄色代表故障状态。将两张位图叠放到一处并添加文字说明。

（4）双击压差开关画面元件，弹出"可见性定义"对话框，在"何时隐藏"栏中选中"表达式为真"，单选按钮，即在表达式为真时隐藏压差开关，并在"表达式"文本框中输入要关联的变量，如图6-74所示。

（5）利用相同的方法设置功能按钮，双击功能按钮，弹出"动画连接"对话框。

（6）在数值输入显示的"数值输出"中单击"开关"按钮，弹出"离散型输出"对话框。

（7）在"开关量输出"选项卡的"表达式"文本框中输入要关联的表达式：differentPl. DESC = = "100.0 1"（表达式必须使用英文格式）更改输出信息，将"输出信息"的"开"和"关"分别设置为"故障"和"正常"，如图6-75所示。

图6-74 "可见性定义"对话框

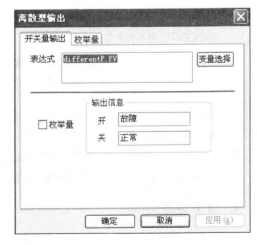

图6-75 "离散型输出"对话框

（8）单击"应用"按钮，应用设置，然后单击"确定"按钮。

（9）在菜单栏中选择"文件/进入运行"命令，显示运行画面，如图6-76所示。当DDC控制器中的UI4被触发时，变量differentPI被触发，则正常状态图元隐藏，显示故障状态图元，输出信息显示为故障。其他的"DI""DO""AI""AO"点与此类似。

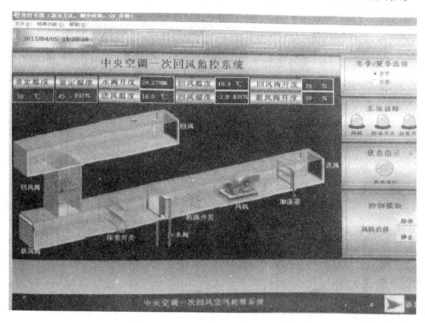

图6-76 中央空调一次回风监控运行画面

5. 系统运行

单击运行，系统进入运行模式，进入"中央空调一次回风空气处理系统"组态工程画面。

通过组态界面上的"风机启停"按钮强制启/停风机。设定新风系统的运行工况（默认为夏季），在"冬季/夏季选择"栏单击"夏季"或"冬季"单选按钮，选择冬季或夏季。单击组态画面上的"设定温度"按钮，输入所需温度，如25 ℃，调节模块上的"回风温度"和"回风湿度"电位器，观察组态界面上水阀开度值和加湿器值的变化情况。默认状态下，当回风温度高于设定温度时，水阀开度值增加，回风湿度高于设定湿度时，加湿器输出降低。选择"冬季"时，将PID参数设置设为正比例调节，使回风温度高于设定温度时，水阀开度值减小。

6. 系统调试及故障排除

在中央空调一次回风空气处理系统模块面板上按"压差开关状态"按钮，组态界面上的压差开关显示红色报警。按"防冻开关状态"按钮，组态界面上的防冻开关结冰报警。如果风机处于运行状态则关闭风机，回风阀和新风阀开度置零。按"故障报警"按钮，组态界面上的风机故障显示报警，回风阀和新风阀开度置零。

如果风机运行，按"风机运行状态"按钮，组态界面上的风机运行状态指示灯变为绿色。单击组态界面的"风机启停"按钮，强制启/停组态界面上风机，单击"停止"按钮时，中央空调一次回风空气处理系统模块面板上的"启停控制"指示灯熄灭。

6.4 任务 4　建筑环境监控系统的基本操作

学习目标

(1) 了解建筑环境监控系统的组成与功能。
(2) 掌握建筑环境监控系统的搭建与软件的使用。

6.4.1　建筑环境监控系统

建筑环境监控实训系统用于模拟监测小区内的气象参数，可以检测温度、湿度、光照度、CO_2、PM2.5 等数据，配有建筑环境监控软件，可以在各种智能终端上实时显示建筑环境的监测数据，并对风扇、灯光等设备进行控制。

1. 系统组成与功能

本任务使用 BEMT-1 建筑环境监控实训系统，该实训系统由传感器模块、继电器模块、无线智能终端、无线路由器、建筑环境监控软件和平板电脑等组成。

无线智能终端一侧有复位按钮 Reset、Wi-Fi 配置按键 SB1、Wi-Fi 天线接口、SWD 下载接口、电源接口和 LED 指示灯，另一侧是一排 16P 的传感器通信接口，如图 6-77 所示。

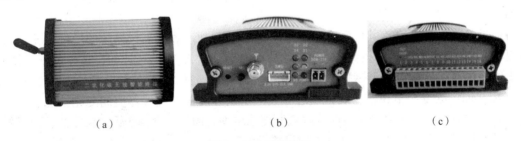

图 6-77　无线终端
(a) 外观图；(b) 左侧面；(c) 右侧面

Wi-Fi 天线接口需要接 2.4G 天线；SWD 下载接口为无线智能终端的固件下载接口，支持自编固件下载仿真；电源接口为终端的电源输入接口，支持 DC 9～15 V 的电源，默认接 DC 12 V。

LED 指示灯有：

(1) Power 为电源指示灯（红色）；
(2) D1 为网络连接状态指示灯（黄色），终端成功联网后指示灯点亮，连接断开时指示灯熄灭；
(3) D2 为数据发送指示灯（绿色），终端每上传一次数据，此灯闪烁一次；

(4) D3 为数据接收指示灯（绿色），终端每接收一次数据，此灯闪烁一次；

(5) D4 为 Wi-Fi 配置指示灯（绿色），无线智能终端配置 Wi-Fi 网络时此灯亮，配置完成后此灯熄灭；

(6) D5 为无线智能终端的工作指示灯。

无线智能终端的传感器通信接口定义见表 6-13。

表 6-13 无线智能终端的传感器通信接口定义表

接口序号	功能描述	对应传感器接口
1	DC 5 V +	输出 DC 5 V，接传感器 +5 V
2	DC 5 V -	电源 GND
3	I^2C 总线 SCL	光照度传感器的 SCL； 温/湿度传感器的 SCL
4	I^2C 总线 SDA	光照度传感器 SDA； 温/湿度传感器 DATA
5	SPI 总线 MOSI	SPI 总线接口，支持扩展 SPI 通信的传感器
6	SPI 总线 MISO	
7	SPI 总线 SCK	
8	SPI 总线 SS	
9	模拟量采集 ADC1	4 路 ADC 采样接口
10	模拟量采集 ADC2	
11	模拟量采集 ADC3	
12	模拟量采集 ADC4	
13	脉宽调制输出 PWM1	继电器模块 KM1_CTR
14	脉宽调制输出 PWM2	继电器模块 KM2_CTR
15	串口发送 TXD	PM2.5 传感器 RXD； 二氧化碳传感器的 RXD；
16	串口接收 RXD	PM2.5 传感器 TXD； 二氧化碳传感器 TXD；

注：序号 3~16 的接口可以用作普通 I/O 口。

1) 传感器模块

本实训系统有温/湿度传感器、光照度传感器、二氧化碳传感器和 PM2.5 传感器，如图 6-78 所示。

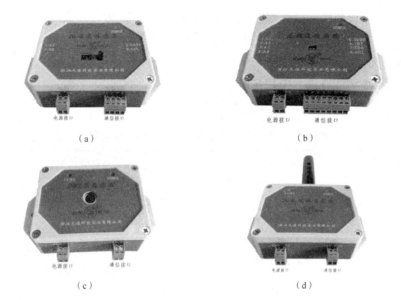

图 6-78 传感器模块

(a) 温/湿度传感器；(b) 光照度传感器；(c) PM2.5 传感器；(d) 二氧化碳传感器

各传感器侧面的电源接口均接 DC 5 V 电源输入；二氧化碳传感器和 PM2.5 传感器的接口简单，TXD 均为串行通信数据发送接口，RXD 均为串行通信数据接收接口；温/湿度传感器和光照度传感器的通信接口分别见表 6-14 和表 6-15。

表 6-14 温/湿度传感器的通信接口

接口名称	接口功能	接口名称	接口功能
A1	此接口保留，做扩展用	DATA	温/湿度传感器通信数据线
DQ	此接口保留，做扩展用	SCL	温/湿度传感器通信时钟线

表 6-15 光照度传感器的通信接口

	接口名称	接口功能		接口名称	接口功能
1~4	A1~A4	接口保留，扩展用	7	SDA	传感器通信的数据线
5	ADDR	传感器地址选择线，默认悬空，不接	8	SCL	传感器通信的时钟线
6	INT	传感器阈值报警信号线			

图 6-79 继电器模块

2) 继电器模块

继电器模块上有 2 路继电器输出，如图 6-79 所示，侧面的电源接口接 DC 5 V 电源输入，通信接口见表 6-16。

继电器的控制信号端输入一个高电平时继电器吸合，输入一个低电平时继电器断开。

表 6-16 继电器模块的通信接口

序号	接口	接口功能	序号	接口	接口功能
1	KM1_TCR	继电器 1 控制信号端	5	KM1_NC	继电器 1 输出常闭端
2	KM2_TCR	继电器 2 控制信号端	6	KM2_COM	继电器 2 输出公共端
3	KM1_COM	继电器 1 输出公共端	7	KM2_NO	继电器 2 输出常开端
4	KM1_NO	继电器 1 输出常开端	8	KM2_NC	继电器 2 输出常闭端

3) 无线智能终端

无线智能终端能够实时采集、分析和处理传感器的数据，并通过无线网络上传传感器的数据到监控软件，处理并执行监控软件下达的指令。无线智能终端留有与各类传感器的通信接口，方便扩展传感器。

4) 网络设备

本系统使用的网络设备为无线路由器，如图 6-80 所示。无线路由器是一种带有无线覆盖功能的路由器，主要用于用户上网和无线网络覆盖，可以看作一个转发器，将接入的有线宽带网络信号通过天线转发给附近的无线网络设备（笔记本电脑、支持 Wi-Fi 的手机等）。

目前无线路由器一般支持专线 xDSL/Cable、动态 xDSL、PPTP 共 4 种接入方式，并且具有其他一些网络管理的功能，如 DHCP 服务、NAT 防火墙、MAC 地址过滤等。

图 6-80 无线路由器

6.4.2 操作及使用说明

1. 传感器的连接

传感器安装固定后，将传感器和与其对应的无线智能终端连接起来，标注红、黑的用 23 芯线，标注白、蓝的用 16 芯线，无线智能终端的电源输入（Power）默认用 DC 12 V 电源供电，电源连接注意正负极，防止接反；接线工具用类似小一字螺丝刀，各个无线智能终端与传感器配套使用，无线智能终端不能任意互换，具体连接说明如下。

1) 光照度传感器的连接

将光照度无线智能终端的电源输出（1、2 号接口）连接到光照度传感器的电源接口，光照度无线智能终端的 3 号接口（SCL）连接到光照度传感器的 SCL，无线智能终端的 4 号接口（SDA）连接到光照度传感器的 SDA，如图 6-81 所示。

2) 二氧化碳传感器的连接

将二氧化碳无线智能终端的电源输出（1、2 号接口）连接到二氧化碳传感器的电源接口，二氧化碳无线智能终端的 15 号接口（TXD）连接到二氧化碳传感器的 RXD，无线智能终端的 16 号接口（RXD）连接到传感器的 TXD，如图 6-82 所示。

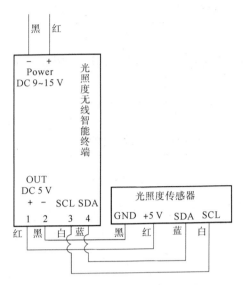
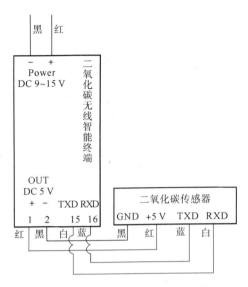

图6-81 光照度传感器连接示意图　　图6-82 二氧化碳传感器连接示意图

3）PM2.5传感器的连接

将PM2.5无线智能终端的电源输出（1、2号接口）连接到PM2.5传感器的电源接口，将PM2.5无线智能终端的15号接口（TXD）连接到PM2.5传感器的RXD，无线智能终端的16号接口（RXD）连接到传感器的TXD，如图6-83所示。

4）温/湿度传感器的连接

将温/湿度无线智能终端的电源输出（1、2号接口）连接到温湿度传感器的电源接口，温/湿度无线智能终端的3号接口（SCL）连接到温湿度传感器的SCL，无线智能终端的4号接口（SDA）连接到传感器的DATA，如图6-84所示。

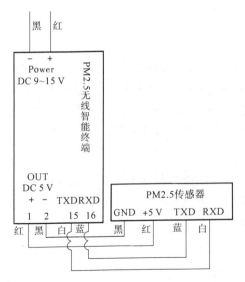
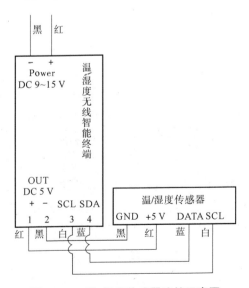

图6-83 PM2.5传感器连接示意图　　图6-84 温/湿度传感器连接示意图

5) 继电器模块的连接

将继电器无线智能终端的电源输出（1、2号接口）连接到继电器模块的电源接口，13号接口（PW1）连接到继电器模块的1号连接口（KM1_CTR），14号接口（PW2）连接到继电器模块的2号接口（KM2_CTR）；继电器模块的3号接口连接 DC 12 V 电源的正极，4号接口连接风扇红线；风扇的黑线连接 DC 12 V 电源的负极。继电器模块的6号接口连接 +24 V 电源的正极，7号接口连接灯的一端或正极（灯的线若有不同颜色则分正负极；若相同颜色则不分正负极）；灯的另一端连接 +24 V 电源的负极，如图 6 - 85 所示。

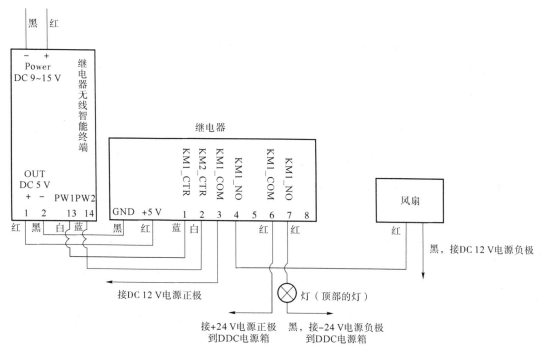

图 6 - 85 继电器模块连接示意图

2. 无线路由器的配置

无线路由器出厂时已经默认设置好，被修改后可以先将无线路由器复位，再重新设置。

1）无线路由器的复位方法

无线路由器背面有一个标识为"QSS/Reset"的按钮，在通电状态下按该按钮 5 s 后，SYS 指示灯（左起第一个指示灯）快速闪烁 3 次后松开"Reset"键，复位成功。具体使用说明可以参考 TP - LINK 无线路由器自带的使用说明书。

2）无线路由器的配置方法

（1）用网线（交叉网线）将电脑与无线路由器后面有 1、2、3、4 标识的任意一个网孔相连，无线路由器插上配套电源（DC 5 V 电源适配器）。

（2）在 Windows 桌面上右击"网络"图标，在弹出的快捷菜单中选择"属性"命令，进入网络和共享中心窗口；右击"本地连接"图标，在弹出的快捷菜单中选择"属性"

命令，弹出"本地连接 属性"对话框，如图6-86所示；双击"Internet 协议4（TCP/IPv4）"，弹出"Internet 协议版本4（TCP/IPv4 属性）"对话框，设置IP地址为192.168.1.100，子网掩码为255.255.255.0，默认网关为192.168.1.1，如图6-87所示。单击"确定"按钮，退出设置。

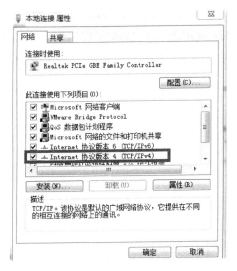

图6-86 "本地连接 属性"对话框

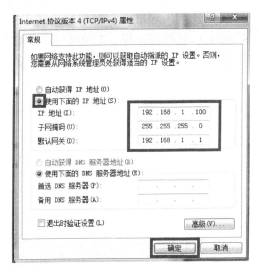

图6-87 "Internet 协议版本4（TCP/IPv4）属性"对话框

（3）打开浏览器，在地址栏中输入"192.168.1.1"，按回车键，弹出路由器登录对话框，如图6-88所示。

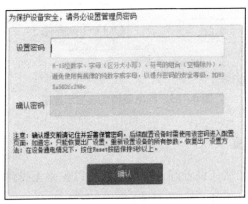

图6-88 路由器登录对话框

（4）将密码设置为"123456"，单击"确定"按钮，进入路由器运行状态界面，在左侧列表中单击"设置向导"，进入"设置向导"界面，如图6-89所示。

（5）单击"下一步"按钮，弹出上网方式设置对话框，选中"动态IP（以太网宽带，自动从网络服务商获取IP地址）"单选按钮，如图6-90（a）所示。

（6）单击"下一步"按钮，弹出无线设置对话框，设置无线路由器的SSID为BEMT1_1（具体SSID请根据路由器背面的标签来设置，如果标签上写的是BEMT1_2，则设置为BEMT1_2），WPA-PSK/WPA2-PSK密码为12345678，如图6-90（b）所示。

(7) 单击"下一步"按钮，弹出无线路由器设置向导确认对话框，如图 6-90（c）所示。

图 6-89　路由器"设置向导"界面

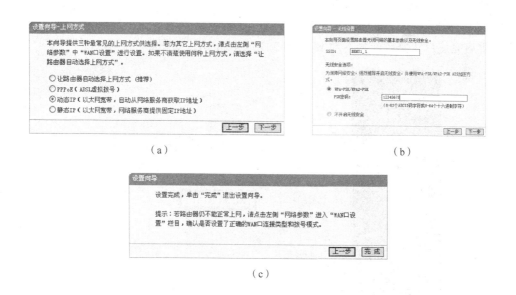

(a)　　　　　　　　　　　　　　(b)

(c)

图 6-90　路由器设置向导对话框
(a) 上网方式设置；(b) 无线设置；(c) 设置向导确认

(8) 单击"完成"按钮，完成对无线路由器的设置。

(9) 设置完成后，路由器自动跳回运行状态界面，如图 6-91 所示。

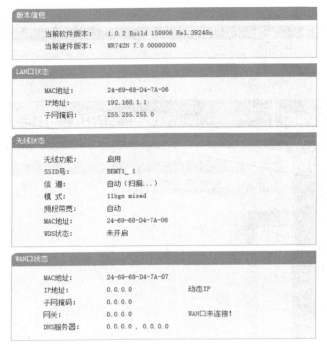

图 6-91　路由器运行状态

（10）在界面左侧选择"网络参数/LAN 口设置"命令，弹出"LAN 口设置"对话框，将 IP 地址改为 192.168.101.1（具体 IP 请根据路由器后面的标签设置，如果标签上写的 IP 为 192.168.102.1，则设置为 192.168.102.1），单击"保存"按钮，确认重启路由器，等待路由器重启完成后，修改电脑本地 IP 为 192.168.101.10，如图 6-92 所示。

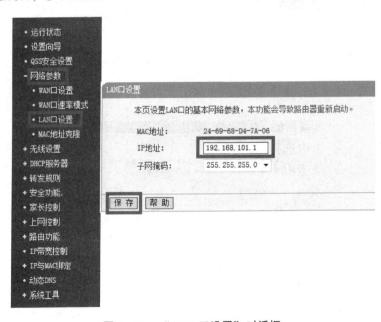

图 6-92　"LAN 口设置"对话框

（11）在浏览器中输入"192.168.101.1"，输入密码登录路由器，如果成功登录则说明整个设置正确完成，如果不能成功登录则返回到第一步，重新进行设置。

3. 监控软件的使用

平板电脑开机后，打开 Wi-Fi 设置，连接到 BEMT1_1（具体 SSID 根据路由器来定）Wi-Fi，输入 Wi-Fi 密码："12345678"，勾选"高级选项"复选框，将 IPv4 设置为"静态"，IPv4 地址设置为 192.168.101.2（具体 IP 根据路由器来定，最后一位为 2，前 3 位和路由器的前 3 位相同），网关设置为 192.168.101.1（根据路由器来定），如图 6-93 所示，单击"连接"按钮，完成设置。

打开桌面上的建筑环境监控系统软件，在登录界面单击"注册新用户"，输入用户名和密码。使用刚注册的用户名和密码登录，如图 6-94 所示。

图 6-93　平板电脑的 IP 设置

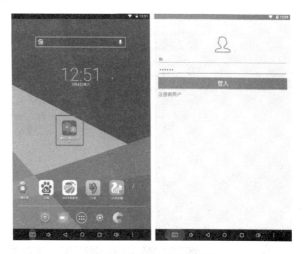

图 6-94　软件登录界面

登录后，单击右上角的菜单图标，在弹出的菜单中选择"开始监控"命令，如图 6-95 所示。

给所有的无线终端上电，等待所有终端联网成功后，监控无线终端传来数据，如图 6-96 所示。单击菜单图标，在弹出的菜单中选择"位置信息"命令，分别单击位置编号 1~5 来查看不同位置上的传感器信息及数据，如图 6-97 所示。

单击菜单选项，选择位置设置，对位置编号 1~5 设定相应传感器，如图 6-98 所示。

此外，还可以通过菜单选项中的数据记录和报警记录查看历史数据。

图 6-95　开始监控

图6-96 传感器上传数据

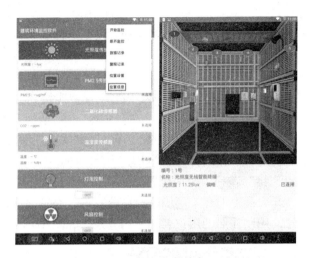

图6-97 位置信息

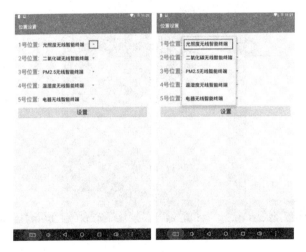

图6-98 位置设置

复习思考题

1. 简述直接数字控制（DDC）系统及其特点。
2. 什么是中央空调一次回风控制系统？
3. 简述 LonWork 的通信协议。
4. 简述利用 LonWork 软件新建一个5208小状态机功能模块的方法。
5. 什么是 DDC 的内部网络变量和外部网络变量？
6. 简述中央空调监控系统的基本操作。

参 考 文 献

[1] 宋国富. 楼宇智能化技术 [M]. 北京：中国铁道出版社，2016.
[2] 周永柏. 智能监控技术 [M]. 大连：大连理工大学出版社，2012.
[3] 吴关兴. 楼宇智能化系统安装与调试 [M]. 北京：中国铁道出版社，2013.
[4] 林火养，陈榕. 智能小区安全防范系统 [M]. 2版. 北京：机械工业出版社，2015.
[5] 天煌教仪. THBAES-3B型楼宇智能化工程实训系统使用手册.